ESSAIS

SUR LA

PHILOSOPHIE

DES SCIENCES.

ANALYSE. — MÉCANIQUE.

PAR

C. DE FREYCINET,

DE L'INSTITUT.

DEUXIÈME ÉDITION.

PARIS,

GAUTHIER-VILLARS, IMPRIMEUR-LIBRAIRE

DU BUREAU DES LONGITUDES, DE L'ÉCOLE POLYTECHNIQUE,

55, Quai des Grands-Augustins.

1900

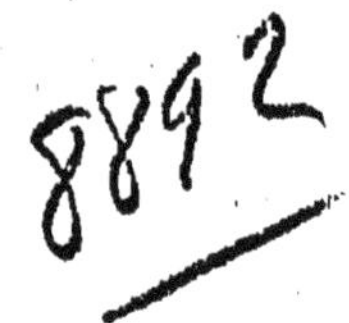

ESSAIS

SUR LA

PHILOSOPHIE

DES SCIENCES.

PARIS. — IMPRIMERIE GAUTHIER-VILLARS,
28372 Quai des Grands-Augustins, 55.

ESSAIS

SUR LA

PHILOSOPHIE

DES SCIENCES.

ANALYSE. — MÉCANIQUE.

PAR

C. DE FREYCINET,

DE L'INSTITUT.

DEUXIÈME ÉDITION.

PARIS,

GAUTHIER-VILLARS, IMPRIMEUR-LIBRAIRE

DU BUREAU DES LONGITUDES, DE L'ÉCOLE POLYTECHNIQUE,

55, Quai des Grands-Augustins.

1900

AVERTISSEMENT

DE LA DEUXIÈME ÉDITION.

Cette édition contient des changements d'une certaine importance. J'ai, notamment, présenté d'une façon plus directe, et en m'attachant à leur donner plus de relief, les notions de travail et de force vive, qui jouent un si grand rôle dans la Mécanique. J'ai voulu prémunir le lecteur contre la tendance qu'on a souvent à considérer la notion de travail comme une sorte de dérivée de la quantité d'action, parce que, algébriquement, l'équation de la force vive est déduite de celle qui relie la quantité d'action à la quantité de mouvement. Mais ces procédés de calcul ne sauraient altérer le fond des choses et, en réalité, la notion de travail n'est ni moins directe ni moins claire que celle de la quantité d'action; peut-être même estimera-t-on qu'elle l'est davantage.

J'ai amélioré — du moins, je l'espère — sur divers points de détail, l'exposé des lois générales du mouvement. Incidemment, j'ai répondu à l'observation qui m'avait été faite au sujet de l'attribution de la loi d'inertie à Kepler. Après avoir revu les textes originaux, je persiste à penser que la loi d'inertie a été aperçue tout d'abord par ce grand homme, et que Galilée, dont la gloire ne saurait en souffrir, s'est borné à la préciser et à en développer les conséquences.

PRÉFACE.

Les Sciences ne se bornent pas à étendre le domaine de nos connaissances positives. Elles deviennent à leur tour un objet d'étude pour l'esprit, qui aime à en dégager la pensée philosophique, à définir leurs méthodes et leurs procédés, à remonter jusqu'à leurs principes, et à saisir les liens qui les rattachent aux idées générales, sorte de fonds commun où puisent les spéculations les plus abstraites comme les observations les plus simples et les plus usuelles. Jadis ce travail se faisait pour ainsi dire naturellement. Les démarcations entre les différentes branches du savoir étaient beaucoup moins prononcées qu'aujourd'hui. Les mêmes hommes se montraient à la fois géomètres, physiciens, philosophes. Sans aller aux anciens, il suffit de citer, parmi les modernes, Galilée, Descartes, Newton, Leibnitz, Pascal, Euler. Les plus brillantes découvertes ne détournaient pas leurs yeux de l'ensemble, et ils n'étaient point satisfaits s'ils n'avaient mené de front les progrès de la Science et ceux de la Philosophie.

L'immense extension prise depuis un siècle par les spécialités ne souffre plus la compétence universelle. La vie humaine est trop courte et, entre les directions diverses, les plus puissants génies sont obligés d'opter. Ampère est le dernier, je crois, qui ait tenté de retenir dans ses mains cette multiplicité de fils. Désormais on ne verra plus l'inventeur d'un nouveau calcul écrire une Théodicée ou un Discours sur la Méthode, ni le créateur d'une Théorie électrodynamique dresser une Classification générale des Sciences. Ce serait, à mon avis, une raison pour que les savants de profession, interrompant par moments leurs recherches, consentissent à opérer chacun la synthèse de leur Science favorite et à en grouper les résultats essentiels dans un tableau de nature à arrêter tout regard un peu attentif. En s'adressant ainsi à un plus grand nombre d'intelligences, ils provoqueraient des collaborations inattendues et ils faciliteraient le progrès que prépare d'ordinaire la diffusion des connaissances. Ils procureraient en outre à la Métaphysique l'avantage qu'elle poursuit d'observer les facultés humaines en exercice et de pouvoir juger de la valeur des méthodes par la qualité des fruits obtenus.

Pour mon compte, j'ai essayé de réaliser cette pensée sur deux branches des Mathématiques qui avaient occupé ma jeunesse et dont je n'ai jamais perdu entièrement le contact. L'Analyse infinitésimale et la Mécanique—c'est d'elles que je veux parler—

ont ce mérite particulier d'exciter l'attention, dirai-je de frapper l'imagination, l'une par le caractère un peu mystérieux de son principe, l'autre par son application aux problèmes si élevés de l'Astronomie. Quelles sont, au juste, ces notions d'infini et d'infiniment petit, sur lesquelles l'Analyse repose? En quoi l'invention de Leibnitz diffère-t-elle de l'Algèbre usuelle, avec laquelle chacun s'est plus ou moins familiarisé? Par quels sentiers obscurs nous mène-t-elle à la découverte du vrai, et ne risquons-nous pas dans le trajet de laisser quelque parcelle de la rigueur mathématique? Dans la Mécanique, quelle est la part du raisonnement et quelle est la part de l'expérience? Qu'y a-t-il de nécessaire et de contingent dans les lois que nous enregistrons? Qu'est-ce qui assure la conservation de la force et de l'énergie dans l'Univers? Devons-nous prévoir un affaiblissement graduel des causes qui agitent la matière sous nos yeux?

J'ai tâché de répondre à ces questions et à quelques autres. J'ai voulu aussi ramener à leurs termes les plus simples les concepts propres à ces deux Sciences. Il m'a paru que l'Analyse dérivait directement des idées d'espace et de temps, et la Mécanique de celles de force et de masse. Au fond, dans les problèmes dynamiques les plus compliqués, nous cherchons toujours à retrouver la relation éternelle que la Nature a établie entre l'unité de force et l'unité de masse. Tout le reste n'est qu'accessoire. Quant à l'Analyse, on n'aperçoit pas comment elle aurait pu se constituer, si nous ne possédions pas déjà, grâce à l'espace et au temps, les notions d'infinité, de continuité, et par suite de division à l'infini et d'infiniment petit.

Je me suis appliqué à présenter ces déductions sans aucun appareil technique. Les formules de l'Algèbre et les figures géométriques ne sont pas indispensables à ce genre de démonstration. J'ai dû laisser de côté nombre de questions intéressantes, pour m'attacher aux points les plus saillants, à ceux qui me semblent éveiller particulièrement les préoccupations des esprits cultivés. Par contre, j'ai abordé, dans trois Notes spéciales, des sujets un peu en dehors de mon cadre, mais que je n'ai pas pu éviter entièrement. Il est difficile d'analyser le rôle du temps et de l'espace en Mathématiques, et de ne pas ensuite accorder une mention à la controverse qu'ils soulèvent en Philosophie. Il ne l'est pas moins de considérer les transformations de l'Univers, sans tourner un moment sa pensée vers le problème qui a captivé tant d'intelligences : celui de son infinité. Problème sans doute à jamais insoluble, mais sur lequel la Physique moderne autorise cependant quelques conjectures. Enfin le déterminisme ayant cru trouver un argument dans le théorème de la conservation de l'énergie, j'ai examiné rapidement la valeur de ce prétendu conflit entre la liberté morale et les lois qui régissent la matière.

Je me suis surtout proposé, par cette étude, de montrer la voie dans laquelle je souhaiterais de voir les savants s'engager. Mon but serait atteint, si je décidais certains d'entre eux à rehausser par leur autorité ce genre de travaux, et si j'inspirais dès maintenant à quelques lettrés le goût de se rapprocher de deux Sciences, plus faciles à pénétrer qu'on ne le suppose, et qui marquent un des plus puissants efforts de l'esprit humain dans la recherche de la vérité.

ESSAIS

SUR LA

PHILOSOPHIE

DES SCIENCES.

I.

ANALYSE.

CHAPITRE I.

L'ESPACE ET LE TEMPS.

Les notions d'espace et de temps jouent un rôle prépondérant dans la formation des Sciences, soit mathématiques, soit physiques. Non seulement elles sont impliquées dans la définition des principaux objets que ces Sciences considèrent, mais elles fournissent souvent des éléments directs aux calculs. La Géométrie et la Mécanique, en particulier, font constamment appel à la mesure de l'étendue et de la durée.

Dans les branches où ces notions semblent le plus absentes, il n'est pas rare de trouver les traces de leur influence. Les nombres de l'Arithmétique et les quantités de l'Algèbre ont incontestablement un caractère abstrait. Mais, à l'origine, les uns ont désigné des collections d'unités réelles, relevant de l'espace et du temps, par conséquent; les autres ont représenté des portions d'étendue, habituellement des portions de ligne droite, qui, par leur simplicité, se prêtaient si bien à symboliser les variations de la grandeur. On peut se demander ce que seraient devenues ces deux belles Sciences si les notions d'espace et de temps leur avaient entièrement manqué, et si nous eussions été réduits aux données de la seule logique.

Les idées mêmes d'ordre et de classement, plus générales encore que les Mathématiques, seraient certainement moins claires, si nous n'avions pas devant les yeux la perspective d'un espace indéfini, dans lequel les objets s'alignent ou se superposent. De leur côté, les rapports de cause à effet, qui dominent toutes nos connaissances sur la Nature, sont invinciblement liés à l'idée de succession, c'est-à-dire de durée.

Je n'essayerai pas de définir l'espace et le temps, me rappelant le conseil de Pascal : « Qui pourra le définir (le temps)? Et pourquoi l'entreprendre, puisque tous les hommes conçoivent ce qu'on veut dire en parlant du temps, sans qu'on le désigne davantage (1)? » Je n'aborderai pas non plus la question si controversée du caractère métaphysique de ces notions. Sont-elles *objectives* ou *subjectives*, comme disent les philosophes? Correspondent-elles à des réalités, en dehors de nous, ou sont-elles de simples formes de l'entendement? Ce débat n'est pas près de se

---

(1) *Pensées* de Blaise Pascal, première Partie, art. II. — Pascal dit aussi : « Cet ordre le plus parfait entre les hommes consiste, non pas à tout définir ou à tout démontrer, ni aussi à ne rien définir ou à ne rien démontrer, mais à se tenir dans ce milieu de ne point définir les choses claires et entendues de tous les hommes, et de définir toutes les autres; de ne point prouver toutes les choses connues des hommes, et de prouver toutes les autres. Contre cet ordre pèchent également ceux qui entreprennent de tout définir et de tout prouver, et ceux qui négligent de le faire dans les choses qui ne sont pas évidentes d'elles-mêmes.

« C'est ce que la Géométrie enseigne parfaitement. Elle ne définit aucune de ces choses, *espace*, *temps*, *mouvement*, *nombre*, *égalité*, ni les semblables qui sont en grand nombre, parce que ces termes-là désignent si naturellement les choses qu'ils signifient, à ceux qui entendent la langue, que l'éclaircissement qu'on voudrait en faire apporterait plus d'obscurité que d'instruction. »

clore et je doute qu'il se termine jamais. Car, en ces matières, chacun se règle d'après son inclination personnelle et sur un ensemble d'impressions, souvent difficiles à analyser, beaucoup plutôt que sur une démonstration formelle, ne laissant prise à aucune objection.

D'ailleurs, cette question, fort intéressante pour la pure Métaphysique, est étrangère au sujet dont je m'occupe. La formation et le développement des Sciences ne se ressentent pas de la solution donnée à ce débat préliminaire. Que l'espace et le temps soient des objets réels, ou que seulement ils nous semblent tels, nous leur attribuons les mêmes qualités, et celles-ci sont, dans notre esprit, le point de départ des mêmes déductions. Nul géomètre, en posant l'équation d'un mouvement, ne se demandera si les espaces parcourus et les durées écoulées ont une valeur objective ou subjective. Nul physicien ne sera pris d'un scrupule analogue, en formulant la loi du refroidissement dans le vide ou celle de la transmission de la lumière. A l'un et à l'autre il suffit que les calculs soient toujours vérifiés par l'expérience et que l'introduction de pareils éléments n'amène jamais d'obscurité dans le langage ni de confusion dans les idées. Pour eux, l'étendue et la durée sont des quantités susceptibles d'augmenter ou de diminuer, conjointement avec les quantités naturelles. Leur origine métaphysique n'influe pas sur l'emploi qu'on en peut faire et sur les opérations auxquelles on les associe.

Le commun des hommes partage cette indifférence. Les rapports sociaux, dans lesquels les questions d'espace et de temps tiennent une si grande place, demeurent soustraits aux vicissitudes des solutions philosophiques. Lors même que le caractère subjectif de ces notions viendrait à être unanimement reconnu, le langage ordinaire, la rédaction des lois et des contrats, les habitudes de la vie n'en recevraient aucune modification.

L'espace et le temps sont ou nous paraissent être :

Nécessaires, infinis, continus et homogènes.

Cette communauté de caractères justifie la tendance qu'ont toujours eue les penseurs à les rapprocher dans leurs théories. Elle explique aussi la solution identique donnée au problème qui se pose au sujet de leur réalité. Les écoles n'ont jamais distingué entre eux sous ce rapport, et quand elles ont accordé ou refusé la réalité à l'un, elles l'ont également accordée ou refusée à l'autre.

A côté de ces caractères, qui priment tout et sur lesquels je m'étendrai, il convient de rappeler les nombreux contrastes qui d'avance assignaient à l'espace et au temps un rôle si différent dans la genèse scientifique.

L'espace est conçu par nous à trois dimensions. Le temps n'en a qu'une; il se développe en série linéaire. Trois coordonnées sont indispensables pour déterminer la position d'un point dans l'espace. Une seule coordonnée, la date ou la durée comptée depuis une origine convenue, suffit, selon la juste remarque de Cournot (1), pour marquer la place d'un phénomène dans le temps, d'un événement dans l'histoire. Les annales de l'humanité ont toujours été dressées d'après cette méthode et nul ne s'est avisé d'en contester la précision.

L'espace est invariable et comme achevé. Il ne se modifie pas; il est aujourd'hui ce qu'il

---

(1) *Essai sur les fondements de nos connaissances et sur les caractères de la critique philosophique*, t. I, p. 304.

était hier, ce qu'il sera demain. Le temps se transforme sans cesse; les jours se détachent successivement de l'avenir et tombent dans le passé. L'espace est immobile. Le temps est la mobilité même; il avance ou s'écoule d'une manière non interrompue. Il est lié, dans notre pensée, à tous les changements, tandis que l'espace représente la fixité et la permanence.

L'espace nous est révélé par les sens; l'œil en découvre des portions plus ou moins vastes et nous touchons des corps qui sont étendus. Le temps relève uniquement de la raison et n'est aperçu que par elle. Aucun de nos sens, aucune de nos observations physiques ne saurait nous en donner la plus légère idée. Nous ne sommes en contact avec lui que par un instant, et cet instant a disparu avant que nous ayons pu le saisir et nous l'approprier. Loin d'en embrasser des portions de quelque importance, nous nous souvenons à peine de son passage, ou plutôt nous nous souvenons des phénomènes qui ont coïncidé avec lui; car, sans ces phénomènes, la notion du temps écoulé resterait vague et confuse dans notre esprit.

Les métaphysiciens accordent qu'à défaut des faits extérieurs, le sentiment de notre vie intime, la seule succession de nos pensées, suffirait à nous donner l'idée du temps. Au contraire, l'idée d'espace prend naissance à la suite des impressions venues du dehors, et par le commerce avec la Nature. On aperçoit déjà à quels ordres différents de spéculation l'une et l'autre idée doivent se prêter.

Nous pouvons mesurer directement l'étendue. Nous comparons les étendues entre elles. Nous portons une ligne droite sur une ligne droite, un plan sur un plan. Nous savons dire combien de fois une longueur en contient une autre. En présence d'étendues plus compliquées, lignes courbes, surfaces ou volumes, nous empruntons à la Géométrie des procédés sûrs pour en ramener la mesure à celle des étendues simples. Finalement tout se réduit à une opération élémentaire, presque manuelle : la superposition des lignes droites.

Il n'en est pas ainsi pour la mesure du temps. Nous ne pouvons retenir et fixer aucune durée, en vue de la porter sur d'autres durées également fugitives et de compter combien de fois elle y serait contenue. La méthode directe nous est interdite. La mesure du temps ne saurait être qu'indirecte et artificielle.

Renonçant à atteindre la durée, nous lui substituons un signe extérieur, un symptôme saisissable, en correspondance avec elle. Nous décidons de prendre pour unité, non pas une portion de ce temps qui nous échappe, mais la durée, indéterminable en soi, qui s'écoule pendant l'accomplissement d'un phénomène spécifié. Dès lors, pour chaque durée proposée, nous recherchons combien de fois le phénomène type aurait la possibilité de s'y reproduire. Ainsi s'obtient la mesure de cette durée, c'est-à-dire son rapport avec la durée du phénomène type.

Les Sciences offrent de fréquents exemples de procédés analogues. Les quantités inaccessibles à nos observations directes sont remplacées par d'autres, qui leur sont proportionnelles ou que nous jugeons telles, et dont l'évaluation nous est plus aisée. Les causes sont mesurées par leurs effets ou d'après certaines manifestations dont la corrélation est bien établie. La mesure du temps est une opération de même nature, d'autant plus légitime que les objets sont ici plus simples et la concordance moins discutable.

Mais il s'en faut que l'exactitude des résultats obtenus soit évidente par elle-même, en dehors de toute autre considération. Qu'est-ce qui nous autorise à regarder comme égales les durées correspondant à l'accomplissement de deux phénomènes, en apparence identiques, observés à deux époques différentes? Pourquoi ce vase d'eau se viderait-il toujours au bout du même temps? Pourquoi telle étoile repassera-t-elle au méridien après le même intervalle? Pourquoi la valeur intrinsèque de l'heure ou de la seconde ne variera-t-elle jamais?

Notre opinion à cet égard procède d'une conviction générale : « Les lois de la Nature sont constantes. » Mais cette conviction elle-même, d'où la tirons-nous? Indubitablement de l'expérience. Ce n'est pas la raison pure qui la donne. Nous n'apercevons pas *a priori* la nécessité d'une égalité indéfinie dans la durée des jours. Le fait contraire, s'il arrivait, ne heurterait en rien les règles de notre entendement. La mesure du temps repose donc sur une vérité relative. La certitude qui s'attache aux résultats est empreinte du même caractère.

Tout autre est la certitude inhérente à la mesure des étendues. La vérité qui lui sert de base n'est point liée à l'ordre physique. Au milieu des plus grands bouleversements, nous continuerions d'affirmer que deux lignes droites dont les extrémités coïncident sont égales. Les variations de la pesanteur, l'accélération de la Terre sur son orbite ne porteraient aucune atteinte à un tel axiome. Les résultats de la mesure des étendues — en laissant, bien entendu, de côté les erreurs matérielles d'exécution — présentent donc un caractère de vérité absolue.

L'écoulement du temps est non seulement continu et irrésistible, mais il nous paraît uniforme. Ce n'est pas assez dire : il nous paraît être la condition et le type de l'uniformité. Sans l'écoulement du temps, nous n'aurions aucun moyen de reconnaître l'uniformité des phénomènes. Un phénomène est qualifié par nous d'uniforme quand il se développe en exacte proportionnalité avec la durée. Le mouvement uniforme est celui dans lequel les espaces parcourus augmentent en raison du temps écoulé. Le débit d'une source est uniforme si la quantité d'eau recueillie est proportionnelle à la durée ou si elle est constante pendant l'unité de temps. Toute variation observée dans cette quantité serait mise sur le compte du défaut d'uniformité de la source; il ne nous viendrait pas à l'esprit de dire que le débit est resté semblable à lui-même et que c'est l'écoulement du temps qui a cessé de l'être.

Cette croyance invétérée et devenue indestructible n'est cependant pas spontanée. Elle n'a pas à nos yeux le caractère de nécessité qu'offre l'idée même du temps, ou celle de sa continuité. Elle est le fruit d'une expérience lentement acquise et dont la conclusion s'est en quelque sorte dégagée à notre insu. Si chacun de nous s'en était rapporté aveuglément à ses impressions personnelles, combien de fois n'eût-il pas été tenté d'attribuer au temps une allure inégale? Lequel d'entre nous n'a pas constaté bien souvent et parfois déploré sa marche tantôt trop lente et tantôt trop rapide! Mais, à l'encontre de ces impressions fugitives, se dressent des témoignages plus sérieux et plus durables. D'imposants phénomènes se déroulent autour de nous, sans être influencés par les circonstances qui nous troublent si fort. Le mouvement du Soleil et des étoiles, insensible à nos causes de joie ou de douleur, est là pour nous avertir de la faute impardonnable que nous commettrions en transportant dans cet immense mécanisme la perturbation qui réside en nous-mêmes. Force nous est donc de reléguer au rang des vaines illusions les inégalités dont notre imagination avait été un instant frappée. D'ailleurs il nous eût suffi de regarder nos semblables : pendant que le temps retardait sa marche pour nous, il l'accélérait pour eux.

Mais si nous étions isolés les uns des autres et privés des grands points de repère qu'offre l'Univers, nous tomberions, en ce qui concerne l'écoulement du temps, dans une erreur analogue à celle où étaient tombés les anciens, relativement au mouvement des astres. Ils les assujettissaient à tourner autour de la Terre, comme centre fixe du monde. De même, livrés à nos propres pensées, nous nous persuaderions sans doute que le temps s'écoule d'une manière inégale et nous chercherions ailleurs l'emblème de l'uniformité, si toutefois une pareille idée pouvait encore trouver place dans notre intelligence.

La Nature, on l'a dit depuis longtemps, offre le spectacle du perpétuel devenir. Les astres exécutent leur course dans les cieux. Sur la Terre, tout change, tout passe, tout se métamorphose. Les animaux, les végétaux grandissent, disparaissent et préparent par leurs dépouilles la venue de nouvelles générations. Les forces physiques, chimiques, électriques se disputent l'empire de la matière; les phénomènes les plus divers se rencontrent, se heurtent, s'entre-croisent. L'œil de l'homme ne cesse point de contempler des nouveautés ou des répétitions.

Chacun des événements qui attirent son attention a son mode de développement. Chaque développement se poursuit en relation avec le temps. La marche de ce dernier, son écoulement uniforme, est le terme constant de comparaison. D'où la notion de *vitesse*, ou rapport entre la marche de l'événement et la marche du temps. Ce mot s'est appliqué d'abord au plus simple des phénomènes, au plus facilement discernable, à celui d'un corps qui se déplace en ligne droite d'un mouvement égal. La vitesse est le rapport constant de la longueur parcourue au temps employé, ou la longueur constante parcourue pendant l'unité de temps. Si le mouvement cesse d'être uniforme, s'il s'accélère ou se ralentit, la vitesse est encore le rapport de l'espace parcouru au temps, mais seulement quand ce temps est assez petit pour que le mouvement n'ait pas sensiblement varié dans l'intervalle et pour qu'il puisse être considéré comme uniforme.

La même notion de vitesse est étendue à tous les phénomènes dans lesquels une liaison précise peut être saisie entre le changement observé et le temps écoulé. Dans ce sens, on dit : la vitesse de refroidissement d'un corps, la vitesse de vaporisation d'un liquide, la vitesse de gonflement d'un aérostat; parce qu'on peut mesurer la quantité de chaleur perdue, la masse de liquide vaporisée, ou l'accroissement de volume de l'aérostat, pendant l'unité de temps. On va plus loin et l'on applique encore ce terme à des phénomènes sociaux ou plutôt à des synthèses de faits, dans lesquels la résultante générale échappe à l'investigation directe et se manifeste seulement à l'aide de statistiques qui permettent d'aboutir à une conception d'ensemble. C'est ainsi que par une métaphore, très opportune d'ailleurs, les sociologues enregistrent la vitesse d'accroissement de la richesse publique ou de la population, de la criminalité ou des accidents, la vitesse de propagation d'un fléau, d'une doctrine, d'une religion. Dans tous ces exemples, on se propose d'apprécier l'importance du phénomène et d'en rendre compte d'après le nombre des faits individuels relevés pendant une période déterminée, toujours la même pour les faits de même nature. Il n'est pas de moyen de comparaison plus simple et mieux approprié à notre esprit. Aussi la vitesse, conçue pour les cas les plus élémentaires, pour les mouvements rectilignes, est-elle contemporaine des premières observations scientifiques de l'humanité. Elle procède directement de la notion du temps et de son uniformité.

Les géomètres développant, selon leur coutume, l'idée puisée au fonds commun, ont rapporté à l'unité de temps les variations d'allure constatées à deux époques différentes. En effet, l'allure d'un phénomène ne se précipite pas ou ne se ralentit pas d'une manière régulière dans les phases successives. Mais elle se modifie tantôt plus vite et tantôt plus lentement. Cet accroissement ou cette diminution de vitesse, d'une époque à l'autre, constitue un élément comparable à celui de l'accroissement ou de la diminution de l'espace parcouru, pendant l'unité de temps; c'est à vrai dire la vitesse de « la variation de la vitesse ». Ils ont nommé cette vitesse de second ordre *accélération* et ils en font un fréquent usage dans leurs spéculations sur la

Mécanique. Ils y voient notamment la mesure de la cause souvent inconnue grâce à laquelle cette variation de la vitesse gagne ou perd en intensité.

L'espace et le temps correspondent à deux ordres de connaissances fort distincts. L'espace est le domaine des Sciences qui, négligeant le changement, cherchent les rapports éternels des choses. La plus éminente est la Géométrie. Les figures tracées par elle, ou modes de délimitation de l'étendue, n'impliquent pas la considération du temps. Leurs propriétés en sont indépendantes. Les équations établies entre leurs éléments ne le mentionnent pas. A plus forte raison, l'Algèbre et l'Arithmétique lui demeurent-elles étrangères. Elles ont trouvé en lui, comme dans l'espace, un utile secours pour se constituer, mais elles ne lui sont pas subordonnées. Expressions de la pure logique, elles existent en dehors de toute condition d'étendue et de durée.

La Géométrie fait souvent appel à un simulacre de mouvement. Elle suppose que des lignes ou des surfaces engendrent des figures en se déplaçant d'après une loi donnée. Mais ces mouvements sont abstraits, comme les grandeurs de l'Algèbre. Ils n'ont pas de lien avec le temps ni avec aucun des éléments engagés dans le transport d'un corps réel. Ils pourraient s'effectuer très vite ou très lentement; le résultat ne serait pas changé. Les propriétés seules de ces figures intéressent. Dans la rotation d'un cercle qui engendre une sphère, où d'un rectangle qui engendre un cylindre, le temps n'entre pas en compte. Le mouvement invoqué est une simple opération intellectuelle, un artifice de description. A ce point de vue, l'étude des machines, réduite à celle des positions mutuelles des diverses parties, rentre dans la Géométrie. Le déplacement de certains points ou même d'un seul entraîne le changement de position de tous les autres, en vertu de règles mathématiques dans lesquelles la durée non plus que les forces et les masses n'ont à intervenir.

La Statique, ou science de l'équilibre (sous réserve de lui donner quelques bases expérimentales, ce qu'on ne fait pas toujours) se passe également de la durée. Les rapports entre les forces subsistent à toute époque. Le système sur lequel elles se neutralisent est invariable de forme, et s'il varie, c'est abstraitement; il s'agit en réalité de figures successives, se ramenant l'une à l'autre d'après une loi simple. Dans une certaine mesure, le fameux théorème des vitesses virtuelles peut être considéré comme une proposition de Géométrie.

Dans cet Univers qui nous apparaîtrait immobile et mort, si le temps en était absent, l'entrée en scène de cet élément donne le signal à tous les phénomènes. Depuis le majestueux balancement des astres jusqu'à l'imperceptible vibration de la molécule, toute chose qui se meut ou qui change est tributaire du temps. Il est la condition de la vie et l'âme de ce perpétuel devenir dont nous cherchons en vain à pénétrer le mystère. Les Sciences qui se proposent l'étude des phénomènes ont donc toutes à compter avec lui. La première des Sciences physiques, la Mécanique, ne s'en isole jamais. Espace, temps, vitesse sont pour elles trois objets inséparables (1). La raison humaine les associe dans toute question de Dynamique. Elle les retrouve, à des degrés divers, dans les innombrables transformations dont la Nature est le théâtre. Parfois

(1) La vitesse est la synthèse des deux idées d'espace et de temps.

elle néglige l'un d'entre eux, dont le rôle semble moindre, mais elle ne saurait le bannir entièrement. Dans les réactions chimiques, elle fait souvent abstraction de la durée, parce que l'intérêt s'attache à la réaction même, et que le temps importe alors assez peu; mais il n'en est pas moins le facteur indispensable de l'opération. Par contre, en Géologie, la considération de l'espace, sur un point donné, est secondaire devant l'examen des forces en jeu et des résultats qu'elles ont amenés dans la série des siècles.

Ainsi toutes les Sciences sont plus ou moins redevables au temps ou à l'espace, et souvent aux deux. Mais si certaines d'entre elles peuvent s'édifier sur l'espace seul, il n'en est aucune qui puisse se suffire au moyen du temps. La raison en est simple. L'espace, avec ses trois dimensions nécessaires, donne naissance à toutes sortes de combinaisons; le nombre des figures géométriques est sans limite, leurs propriétés sont inépuisables. Au contraire, le temps, avec sa dimension unique, ne saurait prêter à des spéculations. Tout au plus, par la subdivision de la ligne droite qui le symbolise, reproduirait-on quelque chose d'analogue à la suite des nombres. Mais déjà cette ligne droite, dont le type appartient à l'espace, a été étudiée en Géométrie. Elle y a été l'objet de déductions, auxquelles le temps n'a en rien contribué, et elle n'est plus susceptible d'en inspirer de nouvelles.

La notion du temps ne peut donc, par elle-même, engendrer aucun enchaînement scientifique. Pour qu'elle remplisse une mission si haute, il la faut associer à l'idée d'espace. Alors elle devient d'une fécondité sans égale. Elle vivifie toutes les branches qui tendent à établir les rapports des causes avec leurs effets. Elle est au fond de toutes les recherches qui ont pour but la détermination des lois de la Nature et la description de ses procédés.

CHAPITRE II.

L'INFINI.

Chacun a présentes à la mémoire les admirables réflexions de Pascal sur l'infini. Quel esprit poussa plus loin que le sien la méditation de cet écrasant sujet? Qui vécut plus directement en face de cette idée extraordinaire, dont nous chercherions vainement la représentation même éloignée? Pour Pascal, l'infini est découvert par une vue transcendante de la raison, sans laquelle, disait-il, on n'est pas géomètre. Comment, en effet, l'observation pourrait-elle suggérer l'idée de l'infini? L'observation est toujours bornée, elle n'embrasse jamais qu'un horizon restreint.

Sans doute, pour la plupart des objets accessibles à notre connaissance, nous étudions d'abord une portion limitée, parfois même très faible, et nous concluons ensuite « du petit au grand », « de la partie au tout ». Mais en quoi ce procédé nous servirait-il pour atteindre l'infini? L'infini n'est pas un tout dont le fini soit une partie. L'infini n'a pas de parties. Entre le fini et l'infini, il n'y a pas de commune mesure, pas de gradation, pas de rapport. L'infini est, et rien n'en peut donner l'idée que lui-même. Toute vue du fini est non seulement très différente, mais opposée; elle n'évoque pas l'infini, elle l'exclut.

Faute d'une attention suffisante on se laisse quelquefois aller à une illusion, contre laquelle cependant les philosophes ont eu soin de mettre en garde : on assimile l'infini avec l'indéfini. Le langage mathématique y prête malheureusement. Par l'emploi d'expressions telles que : « division à l'infini », « infiniment petit », au lieu de *division indéfinie, indéfiniment décroissant*, il encourage la confusion des deux idées. Assurément les vrais géomètres ne s'y trompent pas. Rien n'est plus dissemblable, à leurs yeux, que l'indéfini et l'infini. L'indéfini est simplement le fini auquel s'ajoute la notion du variable : les contours deviennent alors vagues et indécis, mais la nature du fini ne change pas. Tout indéterminé qu'il soit, il n'en reste pas moins fini, et cette indétermination, étrangère au fond des choses, ne saurait donner le change aux esprits réfléchis.

Si nous avons la faculté d'étendre incessamment le fini, d'en reculer de plus en plus les bornes, c'est parce que nous possédons déjà la notion de l'infini. Au delà de ces bornes, momentanément posées, la raison reconnaît un champ sans limites, dans lequel l'imagination peut se donner carrière. Mais par une marche successive nous n'atteindrions jamais l'infini; nous n'en soupçonnerions même pas l'existence. Nous resterions dans le domaine du fini, du fini très vaste, mais séparé toujours de l'infini par un abîme infranchissable. Loin donc que l'indéfini mène à l'infini, c'est l'infini, au contraire, qui permet l'indéfini, et rend possibles toutes les hypothèses sur la grandeur.

D'où vient la notion de l'infini?

Les personnes chez lesquelles le sentiment poétique ou religieux domine admettent volontiers que le spectacle de l'Univers est de nature à éveiller en nous une semblable idée. Quoi de plus propre, disent-elles, à la faire naître, que la vue de ces merveilles, la contemplation du ciel étoilé, de ces astres innombrables qui peuplent l'immensité! N'est-ce pas là l'infini dans l'étendue et la durée, aussi bien que dans la puissance de l'Être qui a tout ordonné?

« Le cœur a ses raisons que la raison ne connaît pas », a dit Pascal, et peut-être arrive-t-il ainsi à l'intuition de l'Être infini. Mais le mathématicien est placé à un autre point de vue. Il ne veut rien devoir qu'à la raison la plus sévère. Or, pour lui, le spectacle de l'Univers ne saurait suggérer l'idée de l'infini.

L'immensité de l'Univers est une conception toute moderne et même relativement récente. Les anciens professaient à ce sujet des idées fort différentes des nôtres. D'après eux, l'Univers était une sphère d'assez faibles dimensions tournant autour de la Terre, supposée fixe. Les astres devaient être fort rapprochés de nous pour pouvoir participer à ce commun mouvement de rotation. Telle était l'opinion dominante en Grèce, au temps où les Arts et les Mathématiques y brillaient du plus vif éclat. A l'exception de Pythagore et de ses disciples (encore même tenaient-ils leurs doctrines secrètes, pour ne pas heurter leurs contemporains), les plus illustres géomètres partageaient ce préjugé, que le grand Aristote ne désavouait pas. Ils ne puisaient donc pas, dans la contemplation de la Nature, la notion de l'infini. Cependant ils la possédaient déjà et même fort nettement, car ils appliquaient à la solution des problèmes géométriques d'ingénieuses méthodes qui reposaient directement sur elle. Le procédé d'exhaustion d'Archimède et la théorie des coniques d'Apollonius impliquaient une vue de l'infini non moins ferme et non moins claire que celle de Leibnitz ou de Fermat.

Le développement intellectuel de l'enfant, si semblable, dans ses phases successives, à celui de l'humanité, justifie la même conclusion. Au moment où on lui enseigne les premiers éléments de la Géométrie, il ignore encore entièrement les merveilles de l'Astronomie. Il ne se doute pas des énormes distances auxquelles atteignent les investigations des savants modernes, et c'est à peine s'il sait que notre petit globe n'est pas le centre du monde. En tout cas il ne s'est pas posé la question de l'infinité possible de l'Univers. Néanmoins il poursuit l'étude des propositions d'Euclide. Il aborde la théorie des parallèles. Il ne s'étonne pas d'entendre dire que ces droites ne se rencontrent jamais ou (par un abus de langage) qu'elles ne se rencontrent qu'à l'infini. Quelques jours plus tard, il admettra sans difficulté que le cercle est la limite d'un polygone dont le nombre des côtés devient infini, et il en déduira un moyen sûr d'évaluer sa surface ou son contour. Comment ces idées, ces raisonnements, trouvent-ils accès dans son esprit? Comment n'en est-il pas déconcerté? Pourquoi ne réclame-t-il pas d'explications précises sur ce grand mot de l'infini, qui semble le jeter si brusquement hors de ses habitudes? Ne faut-il pas que le terrain soit déjà préparé et que bien avant l'enseignement de l'Astronomie, avant même l'enseignement de la Géométrie, la notion de l'infini existe chez le jeune écolier?

De nos jours, il est vrai, l'Univers a perdu l'aspect étroit qu'il avait autrefois. Armés de nos télescopes, nous avons sondé les profondeurs du firmament. Nous savons que notre globe est un point dans le système solaire, et le système solaire tout entier un point dans l'immense constellation de la Voie lactée. Nous savons, grâce au génie de Newton, que les astres se balancent en vertu de la gravitation universelle et que les étoiles sont assez distantes du Soleil pour ne pas faire sentir sur lui leur influence. Nous avons appris par les découvertes de la

Physique, que la lumière parcourt trois cent mille kilomètres en une seconde et que, pour se rendre d'une extrémité à l'autre de la Voie lactée, elle ne mettrait pas moins de trente mille ans. Tout cela est propre à élargir singulièrement notre conception de l'Univers. Mais de ces dimensions colossales, pouvons-nous conclure à l'infini? L'induction est-elle légitime? N'y a-t-il pas toujours un abîme?

Notre raison franchit l'abîme, en ce qui concerne l'espace. Elle le déclare infini, car elle ne saurait le concevoir autrement. Elle ne lui assigne pas de bornes. Elle n'imagine pas ce qu'il pourrait y avoir au delà de ces bornes, qui ne serait pas encore de l'espace. Ceux-là même qui contestent son caractère objectif ne s'avisent pas de nier l'infinité que nous lui attribuons invinciblement. *L'espace est infini ou il n'est pas.* Mais en est-il ainsi de l'Univers? j'entends par là le monde de la matière, l'innombrable multitude des astres qui nous environnent. Pouvons-nous dire de cet Univers que l'infinité est la condition de son existence? Nous n'oserions. Non seulement notre raison est muette, non seulement elle n'affirme rien; mais, en fait, aucun indice ne permet de conclure dans le sens de son infinité. Les apparences seraient plutôt contraires. Elles n'autorisent, je le reconnais, aucun jugement formel. Mais par cela seul qu'elles laissent l'esprit en suspens, l'impression causée par la vue de l'Univers ne saurait donc être l'origine de l'idée de l'infini.

L'étude incomplète des Mathématiques provoque souvent des méprises. On leur attribue volontiers une puissance qu'elles ne possèdent pas. Les Mathématiques n'ont pas inventé l'art de raisonner, ni les axiomes qui leur servent de bases; elles les ont trouvés dans le patrimoine général de l'humanité. Leur seul mérite a été d'en faire usage, peut-être avec plus d'habileté et de bonheur que les autres Sciences. Elles n'ont pas créé davantage la notion de l'infini, dont elles ont su tirer cependant un si merveilleux parti.

Le débutant qui rencontre pour la première fois le symbole algébrique de l'infini est très frappé de l'étrangeté du signe et de la prétention manifestée de lui faire jouer un rôle dans les calculs. Il s'imagine aisément être en présence d'une idée nouvelle, tant est imprévu l'artifice auquel on le convie. Mais s'il réfléchit, il s'apercevra que les Mathématiques ne lui ont, à cet égard, rien appris. La notion de l'infini existait déjà pour lui; les Mathématiques l'ont évoquée et se sont bornées à lui donner plus de précision et de clarté.

Que signifierait, en effet, le symbole mathématique de l'infini pour un esprit qui serait privé de cette notion? Ce symbole se présente ordinairement dans l'Algèbre élémentaire sous la forme d'une quantité finie à diviser par zéro. Or, quel peut être le sens d'une semblable indication? Est-il possible de diviser un nombre par zéro? Comment se servir d'un diviseur qui n'existe pas? Évidemment une telle opération est irréalisable et la conclusion devrait être que le problème proposé ne comporte pas de solution raisonnable.

Mais le géomètre ne se laisse point arrêter. Il fait la remarque suivante :

Plus le diviseur diminue, plus le quotient augmente. Si le diviseur tombe au-dessous de tout degré de petitesse, le quotient s'élève au-dessus de tout degré de grandeur. Donc la fraction avec son caractère particulier signifie qu'aucune quantité finie ne répond à la question. Quelle conséquence pratique en tirer? Là est l'abîme à franchir. Le géomètre le franchit sûrement, à l'aide de la notion préexistante de l'infini, dont il s'empare et dont il dispose. Il voulait, par exemple, savoir à quelle distance une perpendiculaire à une droite est rencontrée par une oblique à cette même droite. La distance lui est indiquée par une fraction à diviseur nul : il en conclut que les deux lignes ne se rencontrent pas ou qu'elles sont parallèles. Car le parallélisme est la seule disposition permettant de dire que le point de rencontre est situé à l'infini. Il évaluait la longueur comprise entre les deux foyers d'une ellipse et il se heurte au même symbole. Il en infère que la prétendue ellipse possède un seul foyer et qu'elle est en réalité une parabole. Il calculait le nombre des côtés d'un polygone et il trouve la même fraction. Il en déduit que le prétendu polygone est une courbe; car d'elle seule il pourrait dire que le nombre des côtés est infini.

Dans ces questions et bien d'autres encore, la situation est toujours pareille. A un certain moment le géomètre est en présence d'un indéfini grandissant, dépourvu en lui-même de toute signification et duquel il ne peut rien tirer. Il n'aborde un terrain ferme, il n'aboutit à une conclusion acceptable, qu'en se dégageant de cet indéfini et en franchissant l'abîme qui le sépare de l'infini. Parvenu à ces sommets, il reçoit des clartés nouvelles; il découvre un sens à des choses qui en paraissaient dénuées. Il se transporte, si je puis dire, à l'autre bout des questions, et embrasse d'autres horizons. Mais toujours il fait usage des ressources puisées dans le fonds commun. Il ne les doit point aux Mathématiques.

Deux exemples encore feront bien saisir ma pensée.

Les astronomes, en étudiant les trajectoires des comètes, ont cru reconnaître que plusieurs d'entre elles sont paraboliques, par conséquent illimitées. Cette constatation nous met-elle vraiment en présence de l'infini et peut-on dire qu'elle nous en donnerait l'idée? D'abord ces courbes ne sont peut-être pas telles qu'on les suppose. Rien ne ressemble plus à une parabole qu'une ellipse suffisamment allongée. Les écarts entre les prétendues paraboles et des ellipses peuvent être assez petits pour avoir échappé à la sagacité des observateurs. Ce qui nous paraît infini est peut-être simplement doué de très grandes dimensions. J'accorde toutefois que les trajectoires soient paraboliques; où puisons-nous le droit de les déclarer illimitées? Uniquement dans leur identité avec les courbes particulières étudiées en Géométrie sous le nom de *paraboles*. Et celles-ci, pourquoi les imaginons-nous infinies? Pour répondre il suffit de rappeler l'origine des sections coniques. Les géomètres grecs les obtenaient en coupant un cône par un plan diversement incliné sur l'axe. Avec un certain degré d'inclinaison du plan, les deux branches de la courbe divergeaient de plus en plus, à partir du sommet, et ne se rejoignaient jamais. Telles étaient les paraboles et leur développement sans limite. Mais cela même suppose un espace infini dans lequel le cône s'étend librement. La conception de la trajectoire fait suite à cette première idée; elle n'est possible que par elle. Elle ne suggère donc pas l'infini; elle en dérive.

L'autre exemple, bien connu, est celui d'un point matériel qui descend sans frottement, sous la seule action de la pesanteur, suivant la circonférence d'un cercle dont le plan est vertical. Ce mobile, après être parvenu au bas du cercle, remonte de l'autre côté, avec une vitesse décroissante, et s'arrête quand il a atteint exactement le niveau d'où il est parti. Le temps employé à ce double parcours, à cette oscillation entière, est d'autant plus long que le point de départ se trouvait plus près du sommet. Si le mobile était parti du sommet même, la durée de l'oscillation, d'après les formules ordinaires, serait infinie. Mais nous répéterons ici : Quel peut bien être le sens d'une expression algébrique qui assigne au mouvement une durée infinie ou qui suppose un point de départ placé au sommet de la courbe? Un mobile, dans ces conditions, sans vitesse initiale, ne s'ébranlerait pas; il resterait éternellement en repos. Voilà donc un cas extrême, que la formule du mouvement ne semblait pas pouvoir embrasser. Si nous parvenons cependant à l'en dégager, c'est par un mode de raisonnement analogue à celui qui nous a permis de passer des lignes obliques aux lignes parallèles. La durée augmente, comme augmentait la distance au point de rencontre des obliques. Alors nous abandonnons l'indéfini pour regarder en face la combinaison qui répond à la valeur infinie de la quantité. Cette combinaison ne peut être que le repos; lui seul n'est pas contradictoire avec l'infinité de la durée.

L'infini ne nous est donc dévoilé ni par les Mathématiques ni par le spectacle du monde extérieur. Il n'est pas davantage une sorte de terme de l'indéfini, une évolution dernière de la grandeur. Il apparaît étroitement lié à l'espace et au temps, dont il est l'attribut nécessaire. C'est à propos de ces deux idées, celle de l'espace surtout, que le mot « infini » prend une signification précise. L'infini du temps est beaucoup moins clair. Nous ne parvenons à nous le représenter qu'à la faveur d'images, toutes empruntées à l'infini de l'espace. Le fleuve qui s'écoule incessamment, la chaîne qui se déroule ou la ligne droite qui se développe sans fin, autant d'emblèmes du temps, rappellent une des dimensions de l'espace. C'est dans l'espace que nous plaçons toutes les réalités matérielles et que les figures géométriques s'étendent au gré de notre imagination.

L'infini de l'espace est le vrai support de nos sciences. Il est la source inépuisable à laquelle le géomètre s'alimente. Il est au fond de la pensée du physicien, qui l'aperçoit toujours au delà des étendues limitées qu'embrasse son observation effective. L'infini du temps figure bien dans les formules, mais accidentellement, beaucoup plutôt à l'état de cas particulier et hypothétique que comme réalité formelle. Nous ne pouvons affirmer l'éternité d'aucun phénomène, d'aucun mouvement, tandis que l'infinité d'une branche d'hyperbole ou de parabole ne fait pas doute pour notre esprit.

Les autres modes de l'infini n'ont pas accès dans la Science. Notre raison s'élève à l'infini du beau et du bien, elle conçoit l'infinie sagesse, la suprême intelligence, la puissance souveraine. Mais ces notions sont loin d'avoir la netteté de l'infini en étendue, et elles ne sauraient se prêter, comme ce dernier, à des spéculations mathématiques. Les qualités que nous portons ainsi à l'extrême ne sont pas susceptibles de mesure. Nous n'avons nul moyen d'en évaluer le degré, et par suite elles restent dans un domaine inaccessible au géomètre. Quant au physicien, il ne découvre autour de lui aucun objet qui puisse être revêtu de l'attribut de l'infinité. Non seulement il ne connaît pas, mais il ne conçoit pas de force infinie, de vitesse infinie, de température infinie. Tout au plus admet-il la possibilité d'une quantité illimitée de matière répandue dans l'espace. Mais cette éventualité ne pèse pas sur ses calculs et n'influence pas ses formules. Il opère et raisonne toujours sur le fini.

A quelque point de vue qu'on se place, soit

qu'on se confine dans un terrain spécial, soit qu'on veuille généraliser et envisager les diverses formes de l'infini, l'idée même reste pour nous une énigme indéchiffrable. Retenus dans le fini, n'ayant aucun espoir d'en jamais sortir, comment entrons-nous en possession d'une notion si différente? Mais ce qui est plus remarquable encore, cette notion, dont l'objet échappe à notre portée, nous sert cependant à donner aux Mathématiques leurs développements les plus ingénieux et les plus certains. Également impuissants, selon Pascal, à comprendre l'infini de grandeur et l'infini de petitesse, nous savons les faire tourner à nos desseins, et par eux le domaine intellectuel s'est enrichi de la plus étonnante des Sciences : l'Analyse infinitésimale.

CHAPITRE III.

CONTINUITÉ ET DIVISIBILITÉ A L'INFINI.

L'espace est continu et partout semblable à lui-même. Nous ne reconnaissons pas de différence entre ses parties. Nous concevons encore bien moins qu'entre deux parties d'espace il puisse exister une lacune qui ne soit pas de l'espace. A vrai dire, l'espace n'a pas de parties. Notre esprit seul les imagine; mais ces séparations n'ont rien de réel. Elles viennent en aide à notre faiblesse, que l'indétermination déconcerte et qui a besoin de s'attacher à quelque chose de précis et de limité.

La présence des corps dans l'espace n'altère pas notre vue rationnelle de sa continuité. Nous discernons, pour ainsi parler, l'espace à travers les corps, et cette portion qu'ils en occupent accidentellement se relie à l'espace environnant tout comme s'ils ne l'occupaient pas.

Cette continuité n'est pas de même nature

que celle dont les corps nous offrent l'image. Entre la continuité de l'espace et celle des corps l y a la même distance qu'entre les figures géométriques et leur réalisation matérielle. Quelque soin que nous apportions, quelque délicats et perfectionnés que soient nos instruments, nous ne pouvons nous flatter d'obtenir des surfaces sans épaisseur, des lignes sans largeur, des points sans aucune dimension. Cependant notre raison, par un effort d'abstraction, est arrivée à concevoir ces objets et surtout à s'en servir. De même les corps en apparence les plus compacts ne nous permettent pas d'affirmer leur continuité absolue. Nous ne savons pas à l'avance, comme pour l'espace, et indépendamment de toute expérience, qu'il n'existe pas en eux des solutions de continuité. Nous le savons si peu que la Science moderne a démontré le contraire. Elle a établi, par des faits palpables, que tout corps, solide ou liquide, se laisse comprimer sous l'action d'une force suffisamment énergique. Mais, d'autre part, la Chimie regarde les derniers éléments des corps comme irréductibles. Il faut dès lors admettre, pour expliquer la diminution de volume observée, que ces derniers éléments se rapprochent les uns des autres pendant la compression. La matière n'offre donc pas, par elle-même, le prototype de cette continuité parfaite, idéale, absolue, que nous avons dans l'esprit et qui nous paraît se trouver exactement réalisée dans l'espace et dans le temps.

Le temps n'est pas seulement continu à la manière de l'espace. Mais il passe ou s'écoule, et ce passage ou cet écoulement nous suggère l'idée d'une croissance, d'une augmentation continue.

A l'idée d'augmentation les géomètres ajoutent immédiatement l'idée contraire, celle de diminution, et pour exprimer l'une et l'autre ils ont fait choix d'un terme compréhensif : celui de *variation*. Le temps nous donne donc l'idée de la variation continue.

C'est là certainement un des concepts les plus féconds en Mathématiques. La Géométrie analytique repose entièrement sur lui : l'admirable invention de Descartes implique la variation continue des coordonnées de la courbe. Déjà la Trigonométrie avait familiarisé l'esprit avec des sinus et des cosinus croissant ou décroissant, entre zéro et la longueur du rayon;

ainsi qu'avec des tangentes croissant ou décroissant, entre zéro et l'infini, selon l'amplitude de l'angle correspondant. La Mécanique, de son côté, nous montre des mouvements qui tantôt s'accélèrent et tantôt se ralentissent d'une manière continue. Les longueurs décrites augmentent progressivement jusqu'à l'arrêt complet du mobile et les vitesses, sous l'influence d'un milieu résistant, s'éteignent par degrés insensibles.

Disons mieux, il n'y a peut-être pas une propriété, géométrique ou mécanique, qui ne se présente à nous sous l'aspect d'une grandeur, ou qui ne puisse être figurée par une grandeur, susceptible de varier avec continuité. L'inclinaison mutuelle de deux droites, la direction et la courbure d'une ligne en ses divers points, l'intensité de la force centrifuge, les aires décrites par un mobile sollicité vers un centre fixe, sont autant de quantités dont la croissance ou la décroissance est continue. La variation se trouve liée à la position du point ou au choix du moment. Les figures géométriques, lignes, surfaces et volumes, doivent leur continuité à l'espace. Les mouvements doivent la leur à la fois à l'espace et au temps.

La continuité ne pouvait manquer d'être, de

la part des mathématiciens, l'objet d'une généralisation analogue à celle de la grandeur elle-même. Comme ils ont abandonné la grandeur géométrique pour envisager en Algèbre la grandeur purement abstraite, ils ont admis que celle-ci variait avec continuité. Supposition parfaitement légitime d'ailleurs, car la grandeur abstraite peut toujours être symbolisée par une grandeur géométrique (¹).

Enfin la continuité de variation de la quantité algébrique les a amenés à la continuité de variation des fonctions. Point culminant, moment décisif dans le progrès séculaire des Sciences mathématiques.

Une équation, on le sait, est une relation entre deux quantités, qui permet de déterminer les valeurs de l'une au moyen des valeurs de l'autre, et réciproquement. Les deux quantités ainsi liées par une formule algébrique ou analytique sont dites *fonction* l'une de l'autre. La

---

(¹) Je ne considère pas les quantités imaginaires qui sont, après tout, des quantités réelles, affectées du symbole de l'imaginarité. Ce symbole agit comme un coefficient constant pour donner aux quantités réelles une signification spéciale. Mais ces quantites réelles, en dehors de leur symbole, sont soumises aux mêmes lois que les quantités ordinaires.

surface d'un cercle et son rayon; l'espace parcouru par un corps tombant librement dans le vide et la durée de sa chute; la quantité d'eau vaporisée dans une chaudière et la consommation de charbon, sont des quantités fonction l'une de l'autre. Car la longueur du rayon détermine l'aire du cercle, la durée de la chute en détermine la hauteur, et la quantité de charbon brûlé correspond à la quantité d'eau réduite en vapeur.

Je ne parle que des fonctions exprimables algébriquement. Il peut y avoir et nous concevons une foule de relations naturelles que nous ne savons pas exprimer par nos moyens mathématiques. Leur existence n'est pas douteuse, mais, à raison du vague qui règne sur leur forme, je les laisse en dehors de ces considérations. Je vise uniquement les fonctions qui se traduisent en équations analytiques, susceptibles d'être résolues par rapport à l'une des quantités. La valeur de celle-ci se trouve ainsi fixée au moyen de la valeur attribuée à l'autre. Je dis : *à l'autre,* je pourrais dire *aux autres;* car rien n'empêche d'établir l'équation entre trois ou même un plus grand nombre de quantités. Le volume d'un cône droit est fonction à la fois du rayon de la base et de la hauteur; le chemin parcouru par un projectile est fonction à la fois de la vitesse initiale, de la pesanteur et de la résistance de l'air. Si je ne mentionne que deux quantités ou deux *variables*, c'est afin de simplifier le discours; mais les réflexions restent les mêmes. —

La grande conception mathématique, mise en pleine lumière par Descartes, est celle-ci :

Quand deux quantités sont reliées par une équation analytique, elles varient conjointement d'une manière continue. En d'autres termes, si l'une des quantités varie avec continuité, la fonction qui exprime la valeur de l'autre varie aussi avec continuité (¹).

La vérité de ce principe ressort clairement de la nature des opérations auxquelles se livre le géomètre. Celui-ci, à travers les combinaisons les plus savantes, aboutit finalement à un petit nombre de fonctions irréductibles, qui sont comme les premiers matériaux, les éléments nécessaires de ses formules les plus compliquées. Il imite en cela le chimiste ou plutôt la Nature qui réalise, dans l'ordre minéral et organique,

---

(¹) Il existe des exceptions, mais je reste ici dans l'idée générale.

une immense variété de produits, à l'aide de certains corps simples. Les corps simples du géomètre, si j'ose ainsi parler, ses opérations fondamentales, ses *algorithmes*, comme on les nomme, forment un tableau moins étendu que celui du chimiste. A peine en compte-t-on une douzaine véritablement distincts; encore, si on les examine de près, est-on disposé à en éliminer quelques-uns, dont le caractère analytique est assez contestable. Ces algorithmes, tout le monde les connaît : c'est l'addition, avec son inverse, la soustraction ; la multiplication, avec son inverse, la division ; la puissance, avec son inverse, la racine; la relation exponentielle, avec son inverse, la logarithmique; enfin diverses relations ou fonctions empruntées à la Géométrie : circulaires ou trigonométriques, elliptiques, etc., sur lesquelles je n'ai pas à m'étendre.

Le caractère continu de l'addition et de la soustraction, ou de l'augmentation et de la diminution, n'est pas à démontrer. La continuité de la multiplication est tout aussi évidente; on peut toujours choisir un multiplicateur assez petit pour que le produit tombe au-dessous de toute grandeur assignable. On peut de même faire varier le diviseur assez légèrement pour que le quotient s'en ressente à peine. La même observation s'applique à la fonction exponentielle ou logarithmique; on est maître de faire varier aussi peu qu'on veut la valeur de la fonction, en faisant varier très peu la valeur de l'exposant ou du logarithme. Enfin les rapports définis par les lignes trigonométriques, elliptiques ou autres, sont également susceptibles de varier avec continuité. Dès lors toutes les combinaisons du géomètre, par cela même qu'elles se résolvent en fonctions simples, individuellement continues, sont continues aussi dans leur ensemble. Car ces combinaisons sont nécessairement formées en associant, réunissant, amalgamant les fonctions simples, par des procédés semblables à ceux-là mêmes que les fonctions simples représentent. Or, ces procédés n'altèrent pas la continuité. Donc la fonction analytique, dans sa plus grande généralité, est continue, comme est continue la variable qui la détermine.

Une exception toutefois est à signaler; le lecteur l'a déjà aperçue. La division est susceptible d'aboutir à une extrémité où toute notion de continuité se perd : c'est quand le diviseur devient nul et que le quotient, par conséquent, prend la valeur infinie. A cet instant précis la continuité n'a pas de signification. Quelle continuité peut-il y avoir entre l'infini et ce qui le précède? Fort heureusement pour le géomètre, la vue directe de l'infini vient encore à son aide; elle lui montre l'interprétation particulière à donner au problème et elle lui fournit le moyen de suppléer à la notion de continuité, devenue tout d'un coup hors d'usage. Finie en deçà, finie au delà, la grandeur passe par l'infini, un seul moment. La ligne oblique devient parallèle et aussitôt, si l'on continue de l'incliner, reprend l'obliquité en sens contraire. La tangente trigonométrique devient infinie, quand l'angle est exactement droit; aussitôt après, pour peu que l'angle augmente encore, elle rentre dans le fini, mais en sens opposé; sa valeur est négative.

Le continu et l'infini sont donc deux idées qui s'excluent. Par delà le continu il y a un moment où le fini nous échappe; la grandeur change d'état, si l'on peut se permettre cette métaphore empruntée à la Physique. L'infini est l'abîme du continu, mais, de l'autre côté de l'abîme, le continu reparaît, sauf à revêtir désormais la forme négative, ou même imaginaire.

La conséquence de la continuité ou de la croissance continue, c'est la possibilité de subdiviser indéfiniment une grandeur, ou, selon l'expression consacrée, la *divisibilité à l'infini*. Comment, en effet, concevoir un terme à la subdivision d'une grandeur continue? Comment imaginer, dans une quantité toujours semblable à elle-même, qu'on puisse arriver à une partie qui ne soit pas susceptible d'être divisée à son tour en d'autres parties? Je parle, cela va de soi, de la divisibilité théorique, et non de la division pratique, limitée nécessairement par la faiblesse de nos organes et par l'imperfection de nos instruments. La division à l'infini est une vue de la raison analogue à celle qui discerne les figures géométriques. Elle s'adresse seulement aux quantités douées de la continuité parfaite, comme l'espace et le temps, ou aux quantités revêtues par nous de cette propriété, comme les grandeurs abstraites de l'Algèbre. Ainsi entendue, la divisibilité à l'infini peut grossir le nombre des axiomes par lesquels s'ouvre la Géométrie d'Euclide. Dire d'une droite qu'elle est continue, ou divisible indéfiniment, ou qu'elle est unique entre deux points donnés, c'est énoncer des vérités du même ordre. Peut-être l'enseignement mathématique gagnerait-il à ne les point séparer, au lieu d'ajourner l'une d'entre elles, comme si elle était moins évidente.

Pascal, dans ses mémorables *Réflexions sur la Géométrie en général* (1), a consacré à la division indéfinie de l'espace les lignes suivantes, demeurées classiques :

« Enfin un espace, quelque petit qu'il soit, ne peut-il pas être divisé en deux, et ces moitiés encore? Et comment pourrait-il se faire que ces moitiés fussent indivisibles, sans aucune étendue, elles qui, jointes ensemble, ont fait la première étendue?

» Il n'y a point de connaissance naturelle dans l'homme qui précède celles-là, et qui les surpasse en clarté. Néanmoins, afin qu'il y ait exemple de tout, on trouve des esprits excellents en toutes autres choses, que ces infinités choquent, et qui ne peuvent, en aucune sorte, y consentir.

» Je n'ai jamais connu personne qui ait pensé qu'un espace ne puisse être augmenté. Mais j'en ai vu quelques-uns, très habiles d'ailleurs, qui

(1) *Pensées* de Blaise Pascal, article II.

ont assuré qu'un espace pouvait être divisé en deux parties indivisibles, quelque absurdité qu'il s'y rencontre.

» Je me suis attaché à rechercher en eux quelle pouvait être la cause de cette obscurité, et j'ai trouvé qu'il n'y en avait qu'une principale, qui est qu'ils ne sauraient concevoir un contenu divisible à l'infini : d'où ils concluent qu'il n'est pas ainsi divisible. C'est une maladie naturelle à l'homme de croire qu'il possède la vérité directement, et de là vient qu'il est toujours disposé à nier tout ce qui lui est incompréhensible; au lieu qu'en effet il ne connaît naturellement que le mensonge, et qu'il ne doit prendre pour véritables que les choses dont le contraire lui paraît faux.

» Et c'est pourquoi, toutes les fois qu'une proposition est inconcevable, il faut en suspendre le jugement, et ne pas la nier à cette marque, mais en examiner le contraire; et si on le trouve manifestement faux, on peut hardiment affirmer la première, tout incompréhensible qu'elle est. Appliquons cette règle à notre sujet.

» Il n'y a point de géomètre qui ne croie l'espace divisible à l'infini. On ne peut non plus l'être sans ce principe, qu'être homme sans âme.

Et néanmoins, il n'y en a point qui comprenne une division infinie; et l'on ne s'assure de cette vérité que par cette seule raison, mais qui est certainement suffisante, qu'on comprend parfaitement qu'il est faux qu'en divisant un espace on puisse arriver à une partie indivisible, c'est-à-dire qui n'ait aucune étendue. Car qu'y a-t-il de plus absurde que de prétendre qu'en divisant toujours un espace, on arrive enfin à une division telle, qu'en la divisant en deux, chacune des moitiés reste indivisible et sans aucune étendue?...

» Ceux qui ne seront pas satisfaits de ces raisons, et qui demeurent dans la croyance que l'espace n'est pas divisible à l'infini, ne peuvent rien prétendre aux démonstrations géométriques; et, quoiqu'ils puissent être éclairés en d'autres choses, ils le seront fort peu en celles-ci; car on peut aisément être très habile homme et mauvais géomètre. »

On peut s'étonner qu'une idée aussi claire ait fait l'objet de controverses, non seulement au temps de Pascal, mais après lui. Aujourd'hui encore il se trouve des personnes qui signalent comme une *antinomie* de la raison l'impossibilité où l'on serait de concevoir soit la division à l'infini, soit la division limitée. Chacune de ces affirmations provoque, disent-elles, une protestation inévitable, de sorte que l'esprit reste en suspens entre les deux.

Le secret de cette prétendue antinomie me paraît résider surtout dans une confusion de mots. On ne distingue pas nettement entre les quantités continues, du ressort des Mathématiques pures, et les quantités de l'ordre physique. Pour les premières, il n'y a pas d'hésitation, rien ne saurait obscurcir les lumineuses réflexions de Pascal; la division à l'infini est non seulement concevable, mais nécessaire. Pour les quantités de l'ordre physique, la question est tout autre. La matière n'est pas continue; la subdivision indéfinie ne saurait donc s'entendre que de leurs dernières particules, celles que le chimiste déclare irréductibles, et indivisibles par conséquent. Ces particules sont-elles irréductibles en effet, et aucune force physique ou chimique ne peut-elle en opérer la séparation? Personne ne le sait positivement. En l'absence de preuve directe, les chimistes citent à l'appui de leur opinion deux faits considérables.

Le premier est la pluralité des éléments qui

gardent leurs propriétés spécifiques, à travers tous les traitements qu'on leur fait subir. Que ces éléments soient des sortes de matière réellement distinctes, de vrais *corps simples*, ou qu'ils proviennent de groupements fixes d'un même élément primordial, nous n'en sommes pas moins en présence de matériaux qui paraissent avoir leur individualité, car celle-ci survit aux transformations qui l'ont momentanément voilée. Un élément ou un atome — le nom importe peu — de fer, d'argent, de charbon, d'oxygène, engagé dans les combinaisons les plus variées pourra toujours, on le sait, être retrouvé à la fin avec ses caractères distinctifs et jouer de nouveau le même rôle.

Les plus grandes forces de la Nature semblent impuissantes à altérer ces caractères ou à détruire ces groupements. Car l'analyse spectrale nous révèle la présence des mêmes éléments dans des astres lointains, où les conditions de température et de pression sont cependant si différentes de celles de nos laboratoires. Devant cette ténacité invincible, il nous est difficile d'admettre que la matière ne s'arrête pas à un certain degré dans l'échelle de la décroissance et que les caractères distinctifs dont elle se pare ne s'attachent pas à quelque chose d'immuable. Une subdivision indéfinie, comme celle de la grandeur géométrique, marchant à l'évanouissement, se concilie mal, dans notre esprit, avec la conservation intégrale des propriétés originelles et avec la possibilité de les remettre en évidence à tout instant.

Le second fait, auquel notre grand chimiste Regnault attachait une extrême importance, est celui de la combinaison des corps en proportions définies. « Ce fait, disait-il, qui a été parfaitement démontré par l'expérience, est la principale preuve que nous invoquons pour établir la divisibilité limitée de la matière, et l'existence de molécules indivisibles. L'expérience montre même que les rapports les plus simples sont ceux qui se présentent le plus fréquemment ; ainsi, on rencontre ordinairement dans les corps composés les rapports de 1 à 2, de 1 à 3, de 1 à 4, de 1 à 5, ou les rapports de 2 à 3, de 2 à 5, de 2 à 7 (1). » Depuis Regnault, la Chimie a réalisé des combinaisons dans lesquelles les nombres sont loin d'être aussi simples. Mais les rapports demeurent commensurables et l'argument conserve sa va-

---

(1) *Cours de Chimie*, 2e édition, p. 6.

leur. Comment concevoir la fixité dans les combinaisons, si les quantités en jeu ne comprennent pas des nombres précis d'éléments irréductibles?

Certaines écoles de l'antiquité, bien que privées d'expériences scientifiques, avaient été conduites, par des considérations *a priori*, à la même conclusion. D'après Démocrite et plus tard Épicure, « le plein de la Nature est occupé par des atomes qui diffèrent entre eux par la forme, l'ordre et la position, et dont les divers arrangements rendent compte de tous les êtres ». On ne peut s'empêcher d'admirer une perspicacité ainsi poussée jusqu'à la divination. Car la Chimie moderne a non seulement été amenée à reconnaître les atomes pressentis par Démocrite, mais elle se demande même si l'unité de la matière, qui semble impliquée dans les idées du philosophe grec, ne serait pas une réalité. La pluralité des corps ne se ramènerait-elle pas à une pluralité d' « arrangements » ou de groupements?

En résumé, la divisibilité limitée de la matière ne répugne pas à la raison; elle paraît même très probable, soit qu'il y ait plusieurs espèces de matière, soit qu'il n'y en ait qu'une seule. Au contraire, la divisibilité à l'infini des grandeurs mathématiques, de l'espace et du temps, est à la fois certaine et nécessaire. Loin que la raison se refuse à admettre tantôt l'une tantôt l'autre affirmation, sous prétexte d'une contradiction insoluble, elle les admet toutes les deux à la fois, et elle les admet sans difficulté, parce qu'elles visent des objets d'une nature différente. Elle n'a à redouter aucune antinomie entre elles, car ces deux affirmations, se constituant dans des ordres d'idées parallèles, ne risquent point de se rencontrer pour se tenir mutuellement en échec.

CHAPITRE IV.

INFINIMENT PETITS.

La division à l'infini nous met en présence de quantités de plus en plus réduites, *évanouissantes,* disent les géomètres, et dont le degré de petitesse échappe à toute fixation. Car, par des divisions nouvelles, ce degré, si bas qu'il fût placé, pourrait toujours être atteint et même dépassé.

Supposons, pour mieux éclaircir le sujet, que le procédé soit appliqué à une longueur déterminée, à une portion finie de ligne droite. Cette portion est d'abord partagée en deux moitiés; chacune de ces deux moitiés en deux autres, et ainsi de suite, indéfiniment. Les longueurs respectives des parties, à chaque degré de l'échelle, seront représentées par les fractions : un demi, un quart, un huitième, un seizième, etc. Aucun terme ne pourra être assigné à cette série descendante, puisque la longueur correspondant à ce terme pourra encore être partagée en deux moitiés, qui porteraient le terme plus loin. La Géométrie et l'Arithmétique affirment ainsi de concert la division à l'infini ; l'une sur l'étendue, l'autre sur la grandeur abstraite, le nombre.

En même temps que chaque partie de la ligne se trouve exprimée par une fraction de plus en plus petite, le nombre des parties devient de plus en plus grand. Il est représenté successivement par les chiffres deux, quatre, huit, seize, etc., sans qu'on puisse davantage assigner un terme à cette progression ascendante. Nous sommes, dit Pascal, placés entre les deux extrêmes de la grandeur, entre le néant et l'infini.

Ces extrêmes ne peuvent, dans cette opération, être atteints, ni l'un ni l'autre. Nous avons beau accumuler les divisions, le nombre des parties ne sera jamais infini. Nous avons beau diviser de nouveau chaque partie, nous n'amènerons jamais sa dimension à zéro. Les parties les plus réduites gardent toujours une trace de la grandeur, puisque réunies entre elles, juxtaposées bout à bout, elles doivent reconstituer la longueur donnée. Or de purs zéros, accumulés en aussi grand nombre qu'on le voudra, ne reconstitueraient jamais une quantité finie.

Le propre des grandeurs évanouissantes est

donc à la fois de pouvoir descendre au-dessous de toute valeur fixée, si minime qu'on la suppose, et cependant de ne pouvoir jamais devenir rigoureusement nulles. Elles côtoient le néant, mais elles n'y tombent pas. En cela elles se distinguent des quantités obtenues par soustraction ou par différence, qui diminuent à mesure que le prélèvement augmente et qui deviennent nulles quand le prélèvement est égal à la quantité donnée. Voici, par exemple, un mobile dont la vitesse est graduellement ralentie par la résistance du milieu ambiant. A chaque instant la vitesse conservée est la différence entre la vitesse initiale et celle qu'ont détruite les obstacles. Elle devient de plus en plus faible et le mobile finit par s'arrêter, quand la vitesse détruite est précisément égale à la vitesse primitive. Si le mobile parcourt une circonférence, l'arc qu'il lui reste à décrire pour revenir au point de départ diminue de plus en plus, et à un certain moment il disparaît, parce qu'il est la différence entre la circonférence entière et l'arc déjà parcouru. Ces quantités décroissantes n'ont aucun rapport avec celles qui résultent de la division répétée, ou *parties aliquotes*, toujours en état de reconstituer la grandeur primitive. Ces dernières seules intéressent le géomètre; elles ont reçu le nom d'*infiniment petits*.

Cette appellation, dont le vrai sens est : *indéfiniment décroissant,* a pour but de rappeler que la quantité n'épuise jamais sa faculté de décroissance, mais qu'après avoir longtemps diminué, elle peut diminuer encore sans arriver cependant à cette fin dernière qui est le zéro. Les quantités sont *indéfiniment* petites, mais elles existent toujours. Elles sont une réduction des quantités d'où elles procèdent. Elles en offrent une image de plus en plus atténuée, comme celle que nous obtiendrions en regardant à travers des verres qui éloignent de plus en plus les objets.

Chaque grandeur continue a son infiniment petit correspondant. La ligne droite a son infiniment petit rectiligne. La ligne courbe a son infiniment petit curviligne. La surface a son infiniment petit superficiel, plan ou courbe, selon les cas. La force, la vitesse, la durée ont leurs infiniment petits respectifs, qui sont une force, une vitesse, une durée infiniment petite. Chaque infiniment petit est de la nature de sa quantité mère, et il ne saurait en être autrement. Car l'infiniment petit, il ne faut jamais l'oublier, répété un nombre suffisant de fois, doit reproduire la quantité mère. Il se comporte à cet égard comme la fraction ordinaire, dont il diffère seulement par la dimension, laquelle a cessé d'être perceptible et même concevable, puisque le diviseur excède ici les nombres susceptibles d'être formulés.

Ce serait avoir une singulière idée des infiniment petits, de s'imaginer qu'à force de les diminuer on les rend identiques les uns aux autres, et qu'à un certain moment ils ne se distinguent plus entre eux. Ils portent, au contraire, l'empreinte indélébile de leur origine. Un infiniment petit de ligne ne peut se confondre avec un infiniment petit de surface. Un infiniment petit de force ne peut se confondre avec un infiniment petit de durée. La seule éventualité à prévoir, c'est que des infiniment petits voisins par leur origine, comme sont tous les infiniment petits linéaires, en arrivent, je ne dirai pas à se confondre absolument, — ils ne le peuvent jamais, — mais à se rapprocher assez les uns des autres pour que la différence entre eux devienne infiniment petite par rapport à eux-mêmes. Un infiniment petit rectiligne et un infiniment petit curviligne, par exemple, peuvent différer entre eux d'une quantité non seulement infiniment petite en soi — elle l'est toujours — mais d'une quantité infiniment petite par rapport à eux-mêmes, ou doublement infiniment petite. Deux infiniment petits superficiels, l'un plan, l'autre courbe, peuvent différer dans des conditions semblables. De même pour deux infiniment petits, l'un de force constante, l'autre de force variable.

Ce rapprochement, cette intimité sont interdits aux infiniment petits entre lesquels la nature des choses a mis un obstacle insurmontable, une démarcation que rien ne saurait atténuer. Un infiniment petit de ligne et un infiniment petit de volume, un infiniment petit de force et un infiniment petit de durée ne sont pas comparables entre eux. Ils n'ont pas de différence, ni grande, ni petite. Ils appartiennent à des ordres d'idées séparés. Les infiniment petits susceptibles de se rapprocher doivent, avant tout, être *homogènes;* j'entends par là faire partie d'une même famille et posséder en commun certains traits essentiels. La ligne courbe et la ligne droite, quoique d'origines diverses, ont en commun le fait de leur unique dimension, ce qui permet de les grouper dans la même catégorie et ce qui rend possible le rapprochement de leurs infiniment petits. Il n'est point nécessaire d'être géomètre pour s'y retrouver, le bons sens suffit. Personne n'hésite à dire que la circonférence d'un cercle est comprise entre le périmètre du polygone inscrit et le périmètre du polygone circonscrit; et personne ne dirait que la surface de la sphère est comprise entre ces deux polygones. Nul ne s'aviserait de prétendre qu'un infiniment petit de volume et un infiniment petit de force tendent à se confondre, bien que l'un et l'autre convergent à la fois vers zéro.

Les quantités finies sont classées par les algébristes d'après le nombre de leurs dimensions ou d'après le *degré* avec lequel elles figurent dans les équations. Les lignes, les surfaces, les volumes sont respectivement du premier, du second, du troisième degré. Les degrés supérieurs au troisième n'ont pas de signification spéciale, du moins dans la Géométrie ordinaire, qui reconnaît seulement trois dimensions. Ils indiquent des opérations arithmétiques ou algébriques à effectuer, c'est-à-dire des puissances.

Il convient même de se dégager entièrement de la préoccupation géométrique, qui pèse sur les trois premiers degrés, à raison de l'origine historique de la classification. Il faut voir exclusivement dans les quantités des résultats de comparaison ou des nombres (commensurables ou non), en d'autres termes, des grandeurs abstraites, douées de continuité et susceptibles d'être divisées à l'infini. Elles sont alors classées, en dehors de toute signification concrète, d'après leur degré ou d'après l'indice de la puissance à laquelle elles doivent être portées. Ainsi une quantité marquée du troisième degré représente non un cube géométrique, mais un nombre multiplié deux fois de suite par lui-même.

Les infiniment petits sont envisagés du même point de vue : on les classe aussi d'après leur degré ou leur puissance. Toutefois, afin de distinguer ce classement de celui des quantités finies, on est convenu de remplacer le mot *degré* par celui d'*ordre*, en lui laissant d'ailleurs exactement le même sens. Les infiniment petits du premier, du deuxième et du troisième ordre ont correspondu originairement, comme les quantités finies, aux lignes, aux surfaces et aux volumes. Ils n'ont plus aujourd'hui qu'une signification algébrique; ils représentent simplement des puissances.

Tout nombre supérieur à l'unité donne un produit plus grand que lui-même, si on l'élève au carré; et plus grand encore si on l'élève au cube, et encore plus grand si on l'élève à la quatrième puissance. Et si ce nombre primitif, au lieu d'être simplement supérieur à l'unité, est infiniment grand, son carré sera infiniment grand par rapport à lui, et son cube infiniment grand par rapport au carré, et ainsi de suite. Inversement, si le nombre primitif est inférieur à l'unité, son carré sera plus petit que lui, et son cube plus petit que son carré. Et si, au lieu d'être simplement inférieur à l'unité, il est infiniment petit, son carré sera infiniment petit par rapport à lui, son cube infiniment petit par rapport à son carré, et ainsi de suite. Le degré de petitesse des infiniment petits se mesure donc par l'ordre dont ils sont affectés. En général, un infiniment petit d'un certain ordre est infiniment grand par rapport aux infiniment petits d'un ordre supérieur, et infiniment petit par rapport à ceux d'un ordre inférieur. Les infiniment petits du même ordre sont entre eux dans des rapports finis, tandis que les infiniment petits d'ordres inégaux sont entre eux dans des rapports tantôt infiniment grands et tantôt infiniment petits. On peut dire que la grandeur d'un infiniment petit est en raison inverse de son ordre ou du degré de sa puissance algébrique.

Il faut s'habituer à manier les infiniment petits avec la même facilité et sans plus d'hésitation que les quantités finies, dont au fond ils ne diffèrent pas, si ce n'est par la grandeur. Seulement, par cela même qu'ils sont infiniment petits, ils manifestent parfois entre eux des relations qui ne subsistent pas entre quantités finies, mais qui se retrouvent, en sens inverse, quand les quantités sont infiniment grandes. Traçons, par exemple, un cercle, et, à l'extrémité d'un rayon quelconque, menons une tangente qui sera perpendiculaire à ce rayon. Puis, du centre, dirigeons une oblique sur la tangente. Ces trois lignes, le rayon, la tangente et l'oblique, formeront un triangle rectangle, dont l'hypoténuse sera coupée, en un certain point, par la circonférence. Tant que la figure gardera des dimensions finies, c'est-à-dire tant que l'oblique ne sera ni parallèle ni perpendiculaire à la tangente, toutes les parties conserveront entre elles des rapports finis. Notamment, la portion de l'hypoténuse comprise entre la tangente et la circonférence, et la droite ou corde qui joint les extrémités de l'arc renfermé dans le triangle, seront dans un rapport fini. Mais si l'oblique tend à devenir parallèle à la tangente, la portion de l'hypoténuse deviendra infiniment grande par rapport à la corde (qui ne peut en aucun cas dépasser la corde d'un arc de quatre-vingt-dix degrés). Si au contraire l'oblique se rapproche du rayon, la portion de l'hypoténuse deviendra infiniment petite par rapport à la corde, devenue, elle aussi, infiniment petite. Cette portion de l'hypoténuse sera donc un infiniment petit du second ordre, tandis que la corde est du premier ordre. On pourrait multiplier les exemples, et constamment on verrait se produire le même phénomène, non seulement dans les figures géométriques, mais dans toutes sortes de problèmes, mécaniques ou autres.

Les quantités en marche vers le néant n'y tendent pas toutes du même pas. Les unes s'attardent, les autres s'accélèrent; plusieurs ont déjà fait un tel chemin qu'elles disparaissent devant celles qui les suivent. L'ordre de grandeur est déterminé par la nature des relations qui existent entre les divers éléments de la figure ou du phénomène. Cet ordre ne dépend pas du géomètre;

celui-ci le constate et se borne à l'enregistrer.

Pascal, qui aurait certainement inventé le Calcul infinitésimal si la religion ne l'avait de bonne heure ravi aux Mathématiques, allait au-devant des difficultés que les infiniment petits des divers ordres pouvaient rencontrer chez certains esprits : « Enfin, disait-il, s'ils trouvent étrange qu'un petit espace ait autant de parties qu'un grand, qu'ils entendent aussi qu'elles sont plus petites à mesure; et qu'ils regardent le firmament au travers d'un petit verre, pour se familiariser avec cette connaissance, en voyant chaque partie du ciel et chaque partie du verre.

» Mais s'ils ne peuvent comprendre que des parties, si petites qu'elles nous sont imperceptibles, puissent être autant divisées que le firmament, il n'y a pas de meilleur remède que de les leur faire regarder avec des lunettes qui grossissent cette pointe délicate jusqu'à une prodigieuse masse; d'où ils concevront aisément que, par le secours d'un autre verre encore plus artistement taillé, on pourrait les grossir jusqu'à égaler ce firmament dont ils admirent l'étendue. Et ainsi ces objets leur paraissant maintenant très facilement divisibles, qu'ils se souviennent que la Nature peut infiniment plus que l'art.

» Car enfin, qui les a assurés que ces verres auront changé la grandeur naturelle de ces objets, ou s'ils auront, au contraire, rétabli la véritable, que la figure de notre œil avait changée et raccourcie, comme font les lunettes qui amoindrissent? Il est fâcheux, dit-il en terminant, de s'arrêter à ces bagatelles; mais il y a des temps de niaiser. »

Il est à peine croyable que la conception des infiniment petits ait soulevé autant de contestations. On a voulu voir en elle je ne sais quoi d'insolite et même de mystérieux. Elle allait, semblait-il, à l'encontre de la saine Géométrie, alors qu'en réalité elle se produisait dans le sens de son développement naturel. En quoi les infiniment petits sont-ils plus obscurs et moins légitimes que les autres objets considérés par elle? Par quel côté les dépassent-ils en difficulté? Est-il plus malaisé de concevoir un infiniment petit que de concevoir une surface, une ligne, un point?

La vue de ces derniers objets ou l'abstraction opérée par la Géométrie élémentaire implique la suppression radicale d'une ou de plusieurs dimensions. C'est là, en vérité, un effort considérable demandé à la raison. La conception de l'infiniment petit n'exige rien de semblable. Elle laisse les choses en l'état. Parle-t-on de volume? Elle en respecte les trois dimensions. Elle se borne à les réduire extrêmement, mais elle ne les supprime pas. Envisage-t-on une surface? Elle n'aggrave pas l'abstraction déjà consommée; elle accepte et conserve les deux dimensions proposées. Enfin s'agit-il d'une ligne? Elle ne change rien à sa constitution idéale; elle en fait simplement décroître la longueur.

La seule nouveauté dont elle paraisse responsable, c'est la variabilité. Aux volumes, aux surfaces, aux lignes, de dimensions déterminées, elle substitue des grandeurs indécises, dont le propre est d'échapper à toute fixation. Mais si l'on veut bien y prendre garde, de cette notion même elle n'a pas l'initiative. Elle l'a trouvée dans la Géométrie des anciens. Déjà Euclide et ses successeurs avaient considéré des quantités variables. Déjà ils passaient du commensurable à l'incommensurable par nuances insensibles. Ils imaginaient des polygones dont les côtés diminuaient indéfiniment de longueur. Ils étudiaient des ellipses dont la forme approchait tour à tour du cercle et de la parabole, selon la distance comprise entre les foyers.

La conception de l'infiniment petit n'est donc ni plus obscure ni plus compliquée que celle de la plupart des objets définis par les premiers géomètres. Elle est même à certains égards plus facile à pénétrer. Si elle laisse parfois dans les esprits une sorte d'hésitation, cela tient uniquement, je n'en doute pas, à l'époque tardive où elle fait son apparition dans l'enseignement. Présentée de concert avec les autres notions fondamentales, elle serait acceptée sans défiance. De longues explications ne seraient point nécessaires pour lui imprimer le même caractère de certitude. Mais un respect exagéré de la vérité historique en fait différer l'exposition et lui assigne un rang très élevé dans la hiérarchie mathématique. Cette tradition porte les élèves à maintenir entre les idées une démarcation profonde que la logique ne justifie pas. La gloire de Newton et de Leibnitz n'est pas d'avoir créé de toutes pièces une notion inédite, mais d'avoir su lui découvrir des applications aussi nombreuses que nouvelles, et d'avoir substitué une méthode générale et sûre à des procédés particuliers et incertains. De plus ils ont imaginé, Leibnitz surtout, des notations et des locutions qui ont beaucoup facilité le maniement du nouveau Calcul.

Lagrange, dont le profond génie se complaisait aux voies inexplorées, entreprit de reconstituer le Calcul infinitésimal d'après une vue toute différente de celle qui avait guidé Newton et Leibnitz. De là son immortelle *Théorie des fonctions analytiques* qui, avec la *Mécanique analytique* et le *Calcul des variations*, lui assigne un rang si élevé parmi les plus grands géomètres. Toutefois l'idée essentielle de sa nouvelle Théorie paraît inspirée par une appréciation peu exacte de la conception de Leibnitz. En faisant intervenir les infiniment petits « on a, dit-il, le grand inconvénient de considérer les quantités dans l'état où elles cessent, pour ainsi dire, d'être quantités (1) ». Lagrange a-t-il entendu que les infiniment petits n'ont pas d'existence réelle, qu'on ne les rencontre pas dans la Nature? Nul ne pourrait le contester.

(1) *Théorie des fonctions analytiques*, par J.-L. Lagrange, 3e édition, p. 4.

Tout ce qui existe est déterminé et par conséquent fini. Mais à ce compte il n'y aurait pas davantage de variable; car une quantité, par cela même qu'elle est, possède une valeur actuelle précise. Notre raison seule enfante la notion de variable, en rapprochant les grandeurs de quantités voisines et les regardant comme des valeurs successives d'une même quantité. La notion d'infiniment petit est du même ordre. L'une et l'autre sont des créations rationnelles. Lagrange a-t-il simplement visé l'extrême petitesse de l'objet, qui se dérobe à toute investigation? L'infiniment petit est en effet imperceptible aux sens, mais il ne l'est pas à la raison, qui voit encore en lui une quantité, malgré sa réduction indéfinie; comme elle voit des quantités dans la ligne et dans la surface, malgré l'absence d'une ou plusieurs des dimensions qui accompagnent la réalité.

On ne saurait trop le répéter : l'infiniment ou *l'indéfiniment* petit n'est jamais nul. Soustrait par définition à l'éventualité de l'anéantissement, il conserve toujours les caractères des quantités desquelles il dérive. Un nombre de plus en plus atténué ne cesse jamais d'être un nombre. Une fraction, dont le diviseur grossit sans cesse, ne cesse jamais de figurer dans l'échelle de la grandeur. « Car dans les nombres, dit encore Pascal, de ce qu'ils peuvent toujours être augmentés, il s'ensuit absolument qu'ils peuvent toujours être diminués, et cela est clair; car si l'on peut multiplier un nombre jusqu'à cent mille, par exemple, on peut aussi en prendre une cent-millième partie, en la divisant par le même nombre qu'on le multiplie; et ainsi tout terme d'augmentation deviendra terme de division en changeant l'entier en fraction. De sorte que l'augmentation infinie enferme nécessairement aussi la division infinie. »

CHAPITRE V.

LIMITES.

Qu'est-ce qu'une limite?

Dans le langage ordinaire, une limite est une barrière qui ne doit pas être franchie. Mais cette barrière peut être atteinte, touchée. Dans le langage mathématique, une *limite* est une barrière qui non seulement ne doit pas être franchie, mais qui ne peut même pas être atteinte. On peut simplement en approcher. La distance est réduite autant qu'on le souhaite, mais elle ne saurait devenir rigoureusement nulle. Le zéro est la barrière des infiniment petits; ils en approchent sans cesse, mais ils ne l'atteignent jamais.

La limite mathématique réveille donc invinciblement l'idée d'infiniment petit. Ou plutôt l'infiniment petit est indispensable à la limite; il marque la distance entre elle et l'objet qui la côtoie. Une limite, dont l'objet ne pourrait approcher au delà d'une certaine distance, ne serait pas une limite mathématique. Ne le serait pas davantage celle qui pourrait être formellement atteinte, ou avec laquelle l'objet variable pourrait se confondre.

Un cercle est la limite des polygones inscrits et circonscrits dont le nombre des côtés augmente indéfiniment. Car la différence entre le polygone inscrit et le polygone circonscrit, et par suite entre chacun d'eux et le cercle, qui est compris entre les deux, peut être abaissée au-dessous de toute grandeur donnée. Mais un cercle plus grand ou plus petit que celui sur lequel s'appuient les polygones n'est pas leur limite; car ces derniers n'en peuvent approcher au-delà d'une certaine distance. L'asymptote à une branche d'hyperbole en est la limite, mais une parallèle à cette asymptote n'est point une limite. Car si elle est située en deçà, elle sera atteinte et coupée par l'hyperbole; si elle est située au delà, l'hyperbole en restera séparée au moins par la distance comprise entre l'asymptote et la parallèle.

Pour un motif inverse, le diamètre d'un cercle n'est pas la limite des cordes, parce que rien n'empêche celles-ci de passer par le centre et de devenir exactement des diamètres. Un rayon n'est pas davantage la limite des sinus trigonométriques, parce que rien n'empêche l'angle d'être droit et, par suite, le sinus de se confondre avec le rayon. Dans ces deux exemples, la ligne faussement nommée *limite* est simplement le plus grand des objets considérés, comme dans d'autres circonstances elle en serait le plus petit.

Quand on réfléchit sur la définition de la limite, on est frappé de la raison profonde qui l'a recommandée aux géomètres.

La connaissance d'une corde, dans un cercle, n'apprend rien de nouveau sur le diamètre, parce qu'il y a entre eux identité de nature, d'essence. C'est une pure question de plus ou de moins : ajoutez une certaine longueur à une corde, vous avez le diamètre ; retranchez du diamètre une certaine longueur, vous avez une corde. L'étude de la corde serait donc un détour inutile pour arriver à la connaissance du diamètre. Il adviendrait même, dans ce cas particulier, que, le diamètre étant une ligne plus facile à déterminer qu'une corde quelconque, il y aurait avantage à examiner le diamètre directement, sans s'occuper d'abord de la corde.

Il en est tout autrement du polygone et du cercle. Ces deux objets diffèrent entre eux par nature. Le cercle n'est pas un polygone à côtés plus ou moins petits; il n'a pas de côtés. Quelque nombreux que soient les côtés d'un polygone, il n'est jamais un cercle; il reste polygone toujours. Par conséquent le polygone peut et doit avoir des propriétés distinctes de celles du cercle. Mais, d'autre part, le polygone peut approcher incessamment du cercle, et la différence entre eux descend au-dessous de toute quantité donnée. Dès lors la propriété du polygone, ou la relation qui l'exprime, s'adapte au cercle avec d'autant moins d'inexactitude que le polygone est plus près de se confondre avec le cercle. Et si nous savons exprimer la condition que le rapprochement est poussé au delà de tout terme fixe, l'erreur commise est par là même assujettie à tomber au-dessous de toute grandeur finie, autrement dit elle devient rigoureusement nulle.

Tel est le but de l'Analyse infinitésimale. Elle se propose invariablement, en employant la méthode des limites ou quelque procédé analogue, de mettre en présence deux objets de nature distincte : l'un qu'on peut connaître, et l'autre qu'on ne sait comment pénétrer. Si ces deux objets sont susceptibles de devenir de plus en plus voisins, le problème est résolu. Ainsi se dégage ce résultat, en apparence paradoxal, que la connaissance d'un objet sert à acquérir la connaissance d'un autre objet, à raison précisément de ce que leur nature diffère. Tout le secret de l'opération réside dans la possibilité de leur rapprochement indéfini.

Nous touchons ici un des points les plus controversés de l'Analyse mathématique. Beaucoup reprochent à la conception des limites d'être détournée, artificielle et peu propre, disent-ils, à faciliter la vue des vérités géométriques. Détournée, elle l'est assurément, car ce n'est pas une voie directe de passer par un objet étranger à la question pour arriver à la détermination de celui qui nous intéresse. Mais comment l'éviter? Cette marche nous est imposée par l'infirmité de notre esprit, qui n'est pas capable de percevoir directement les propriétés de toutes choses. Est-ce la faute des méthodes si nous ne saisissons pas d'un coup d'œil la relation entre la surface d'un cercle et son rayon, comme nous saisissons la relation entre la surface d'un rectangle et ses côtés? La conformation de notre entendement le veut ainsi. On ne saurait qualifier d'artificiels ou d'arbitraires les procédés qui viennent en aide à notre faiblesse et nous permettent de passer des objets aisément discernables à ceux qui ne le sont pas. La méthode des limites est donc simplement détournée. Elle l'est comme sont détournées, en Physique, une foule de démarches qui tendent à mettre à nu l'action de causes dont la connaissance directe nous échappe.

Mais partir de là pour établir une démarcation entre l'idée des limites et celle des infiniment petits, pour rejeter l'une et pour admettre l'autre, c'est ce qui semble tout à fait illogique. Les deux idées, en effet, sont connexes, corrélatives; elles se complètent et s'expliquent mutuellement. Il n'y a pas de limite sans un infiniment petit qui mesure la différence; il n'y a pas d'infiniment petit sans une limite qui est zéro. On ne peut se passer de la notion de limite, sans tomber dans une métaphysique hasardée, comme il est arrivé au sublime inventeur du Calcul infinitésimal lui-même; ou sans recourir à des développements algébriques qui masquent la vue des plus simples phénomènes. Notre grand Lagrange, amené à définir selon sa méthode analytique la vitesse dans le mouvement varié, la fait découler de l'inspection d'un polynome : « Donc, en général, dit-il, dans tout mouvement rectiligne dans lequel l'espace parcouru est une fonction donnée du temps écoulé, la fonction prime (dérivée première) de cette fonction représentera la vitesse, et la fonction seconde représentera la force accélératrice dans un instant quelconque.... D'où l'on voit que les fonctions primes et secondes se présentent naturellement dans la Mécanique, où elles ont une valeur et une signification déterminées ([1]).... » Comme si la pratique du développement des fonctions en séries était nécessaire pour avoir l'idée de la force et celle de vitesse! Comme si ces notions n'étaient pas, dans notre esprit, antérieures à l'étude de l'Algèbre! Comme si la vitesse ne nous paraissait pas naturellement exprimée par le rapport de l'espace parcouru au temps, et comme si, dans le mouvement varié, cette expression ne nous semblait pas d'autant plus exacte que le temps est plus court et le mouvement plus voisin de l'uniformité!

Sans doute le secours de l'Algèbre est indispensable pour calculer effectivement cette vi-

---

([1]) *Théorie des fonctions analytiques*, p. 321.

tesse. Mais il ne faut pas confondre la recherche d'une valeur numérique avec l'idée même de l'objet, avec sa définition. Or la définition que le sens commun suggère contient implicitement l'affirmation d'une limite. Avant de savoir si nous sommes en état de la déterminer, nous sentons qu'elle existe. Nous comprenons qu'elle se trouve dans le rapport de l'espace parcouru au temps employé, et que nos efforts désormais devront tendre à dégager ce rapport en réduisant indéfiniment la quotité de la durée.

Je reproduirai au sujet des limites la remarque déjà faite sur les infiniment petits.

Toute limite doit avoir, avec l'objet variable qui en approche, une certaine parité de constitution ; je ne dis pas une identité, mais une sorte d'homogénéité. Une ligne ne peut pas être la limite d'une surface ni d'une force. Les lignes ont pour limites des lignes, les surfaces ont pour limites des surfaces. Des forces, des durées, des vitesses ont pour limites respectives des forces, des durées, des vitesses. Entre une limite et sa variable, il doit y avoir juste assez de parité pour que celle-ci puisse se rapprocher indéfiniment de celle-là et pas assez cependant pour que les deux puissent coïncider. En deçà, le rapprochement ne serait pas assez intime; au delà il entraînerait la confusion.

A quel signe reconnaît-on qu'un tel degré de parité est atteint et n'est pas dépassé? Les Mathématiques, d'ordinaire si nettes et si précises, ne peuvent manquer de fournir la réponse à cette question.

Pour que deux objets n'arrivent jamais à se confondre rigoureusement, il faut qu'il y ait dans la définition de l'un d'eux un ou plusieurs éléments incompatibles avec la définition de l'autre. Les deux objets doivent être foncièrement, logiquement distincts, et cette distinction doit persister, indépendamment de leur degré de grandeur ou de petitesse. Une ligne droite et une ligne courbe sont logiquement distinctes, car la définition de l'une implique la constance de direction, qui est précisément en opposition avec la variabilité de direction de l'autre. Une parallèle à une droite et une oblique à cette même droite ne peuvent pas se confondre; car, par définition, l'oblique a un point de rencontre, tandis que la parallèle n'en a pas, ou, ce qui revient au même, en a seulement à l'infini. Au contraire, le diamètre et la corde d'un cercle peuvent se confondre absolument, parce que leurs définitions ne sont point incompatibles. La corde est définie : « la portion de droite comprise à l'intérieur du cercle qu'elle coupe » ; le diamètre ne contrevient pas à cette définition. Mais si la corde était définie : « une droite *hors du centre* », alors l'incompatibilité surgirait et la coïncidence serait impossible. La première condition d'une limite mathématique est donc qu'il se trouve dans la définition de cette limite quelque particularité incompatible avec la définition de la variable.

Passons à la seconde condition.

La possibilité pour un objet variable de se rapprocher indéfiniment de sa limite tient à ce que cet objet contient implicitement ou explicitement, dans sa définition, un élément qui, au lieu d'être fixe, est susceptible de prendre toutes les nuances de grandeur. Le cercle étant assigné comme la limite des polygones réguliers inscrits ou circonscrits, ceux-ci ont un élément variable, à savoir le nombre des côtés ou la longueur de chacun d'eux. Si cet élément était fixé d'avance, il n'y aurait plus qu'un seul polygone possible au lieu de la série dont on dispose pour approcher incessamment du cercle. La parallèle à une droite étant prise pour limite des obliques menées du même point, il y a un élément indécis : la distance dû point de rencontre de l'oblique avec la droite. La variation de cette élément permet la multitude indéfinie des obliques. Le mouvement uniforme étant considéré comme la limite d'un mouvement varié, un élément reste tacitement indéterminé : la durée pendant laquelle ce mouvement varié s'effectue. Aussi peut-on, en restreignant de plus en plus cette durée, obtenir un mouvement varié dont la différence avec le mouvement uniforme devient de moins en moins sensible.

En règle générale, le mécanisme des limites repose sur la faculté expresse ou tacite de faire varier l'élément qui établit la distinction fondamentale entre les deux objets. Grâce à cette faculté, on est maître de l'écart effectif; on peut le réduire au-dessous de toute grandeur assignable.

Dans la Géométrie, la plupart des propriétés sont représentées au moyen de longueurs ou de surfaces susceptibles d'augmenter ou de diminuer. La courbure, l'inclinaison, la vitesse, l'accélération, sont figurées par des lignes droites qui, dans une même catégorie d'objets, varient à volonté. Cette indétermination permet d'amener graduellement l'objet au voisinage de sa limite. Un cercle, dont le rayon grandit, diffère de moins en moins de la ligne droite qui lui est tangente. La sphère, en grossissant, tend à se confondre avec le plan sur lequel elle s'appuie. L'ellipse, dont la ligne focale diminue, se rapproche de plus en plus du cercle; celle dont la ligne focale augmente se rapproche de la parabole.

D'après la définition même, un objet variable ne peut approcher à la fois de deux limites. Car, si peu que ces deux limites fussent distinctes, elles auraient entre elles un écart forcément exprimé par une quantité finie. La variable approchant de l'une d'elles, serait en même temps éloignée de l'autre d'une quantité au moins égale à l'écart supposé. Elle ne pourrait donc approcher de la seconde limite de manière à en différer de moins que toute grandeur donnée, comme le veut la définition générale. La dualité annoncée serait une vaine apparence; en réalité les deux limites n'en feraient qu'une et se confondraient rigoureusement.

La proposition réciproque n'est pas vraie. Toute limite ne correspond pas nécessairement à une seule variable. Plusieurs objets variables, séparés par leur origine, peuvent tendre vers la même limite, au sein de laquelle leurs différences se résoudraient s'ils pouvaient effectivement l'atteindre. Ces différences, nous le savons, sont destinées à subsister toujours; mais elles s'atténuent de plus en plus, à mesure que chacun des objets approche davantage de la limite commune. Nous avons observé ce phénomène chez les infiniment petits. Nous les avons vus, en dépit de leurs origines diverses, marcher tous, quoique d'un pas inégal, vers le néant. Zéro est leur limite commune; il l'est pour les infiniment petits de ligne comme pour les infiniment petits de surface, de volume, de force.

Dans le domaine des quantités finies, une telle généralité ne se rencontre pas. La limite doit, avant tout, être homogène à la variable. Mais sous cette réserve, elle peut être le but commun offert à une foule de variables distinctes. Le cercle est aussi bien la limite des polygones inscrits que des polygones circonscrits. L'espèce de ces polygones n'est pas d'ailleurs désignée; on pourrait indifféremment partir du triangle et aller toujours en doublant, ce qui donnerait l'hexagone, le duodécagone, etc.; ou partir du pentagone, qui fournirait le décagone, les polygones de vingt, de quarante côtés, etc. Toutes ces séries convergeraient également vers le cercle. On pourrait même adopter un contour polygonal non régulier; il suffirait que ses sommets s'appuient sur la circonférence, ou qu'ils s'en approchent indéfiniment suivant une loi donnée.

Une même limite peut donc être abordée par des voies très diverses. Ce point a une extrême importance. En effet, si la variable à laquelle on avait d'abord songé pour répandre quelque jour sur les propriétés de la limite ne donne pas satisfaction, si elle paraît trop compliquée, d'un maniement difficile, il est loisible de la rejeter et de lui en substituer une autre admettant la même limite, mais répondant mieux à sa destination. Les polygones irréguliers, par exemple, ne permettant pas d'arriver aisément à la connaissance des propriétés du cercle, on leur substitue des polygones réguliers, qui tendent à la même limite, et dont la mesure est beaucoup plus simple et rapide. Les géomètres usent fréquemment de cette faculté; c'est même là une des parties les plus intéressantes de leur tâche. Ils ont à démêler, au milieu de beaucoup de variables possibles, le système le mieux approprié, et ce choix exerce une influence décisive sur la solution.

La conception des limites n'est pas spéciale aux Mathématiques, Elle a trouvé dans cette Science son expression la plus précise et son emploi le plus régulier; mais elle répond à un besoin général et fort élevé de l'esprit humain. En toutes choses l'homme aspire à un but plus noble que celui qu'il peut atteindre. Dans le domaine du beau et du bien comme dans celui du vrai, il poursuit ardemment un idéal, une perfection dont la possession est interdite à ses efforts. Il essaye d'en approcher et, tout en sentant son impuissance finale, il conçoit la possibilité d'une évolution qui restreigne de plus en plus l'écart inévitable. Il a sinon l'espérance, du moins l'intuition d'un progrès indéfini. Quand ce progrès même disparaît dans un lointain obscur, que sa réalisation devient problématique, l'homme sent encore qu'il existe un type nécessaire, une limite — pour employer le langage des mathématiciens — vers laquelle la chose contingente et inachevée est destinée à graviter. Placé sur le terrain géométrique, il y apporte son besoin d'idéal et de perfection. Il veut des figures sans défaut, des lignes sans largeur, des surfaces sans épaisseur. Entouré de discontinu et d'hétérogène, il cherche le continu et l'homogène. Derrière la ligne brisée, aux côtés décroissants, il aperçoit la courbe, sur laquelle les changements de direction s'effacent. A la variation par degrés successifs il substitue la variation par nuances insensibles. Tout se fond, tout s'harmonise dans son esprit, plus que dans la réalité. Ainsi apparaît la notion de limite, idéalisant chaque sujet de la pensée et chaque objet de la Nature, avant de devenir un instrument de découvertes incomparable.

CHAPITRE VI.

DE LA MÉTHODE INFINITÉSIMALE.

Des quantités variables, convergeant vers leurs limites respectives, peuvent avoir entre elles certaines relations. Si ces relations se maintiennent pendant toute la durée de la convergence, ou pour toute valeur des variables, elles existent également entre les limites elles-mêmes. Elles s'étendent de droit à ces dernières, bien que l'on ne sache pas les établir directement pour elles. Ainsi, une relation étant reconnue entre la surface d'un polygone régulier, son périmètre et la perpendiculaire abaissée du centre sur l'un des côtés, ou apothème, cette même relation existera entre la surface du cercle circonscrit, sa circonférence et son rayon, qui sont les limites respectives vers lesquelles tendent les éléments du polygone, à mesure que l'on augmente le nombre des côtés.

Ce principe général est une conséquence directe de la conception des limites, et son évidence ne semble pas contestable. Comment, en effet, une relation subsistant entre les variables, à tous leurs états de grandeur, pourrait-elle ne pas s'appliquer aux limites? A quel moment se ferait la rupture? Quelle place lui assigner dans cet espace indéfiniment resserré qui sépare les variables de leurs limites?

Les géomètres précisent davantage la démonstration; je la résume, malgré son aridité, à cause de l'extrême importance du principe.

S'il y avait une différence, disent-ils, entre la relation qui convient aux variables et celle qui conviendrait aux limites, cette différence pourrait être conçue comme équivalente à une certaine quantité, susceptible ou non d'être exprimée par des chiffres, mais en tout cas finie. Or, dans la relation afférente aux variables, remplaçons chacune d'elles par sa limite. Il en résultera autant de causes d'erreur qu'il y a de variables, et chaque cause d'erreur sera mesurée par l'écart existant entre la valeur actuelle de la variable et la valeur fixe de la limite. Ces diverses causes d'erreur se trouvent d'ailleurs amplifiées et multipliées par suite des opérations où étaient engagées les variables et où les limites sont engagées à leur tour. Quel que soit le résultat de cette amplification, l'erreur due à l'introduction d'une limite quelconque pourra être représentée par l'écart qui lui correspond, multiplié par un nombre plus ou moins grand, commensurable ou non, mais fini. Bref l'erreur finale, provenant de la substitution de toutes les limites, aura pour expression une somme de termes égaux chacun au produit d'un certain écart par une quantité finie. Mais chaque terme peut être rendu aussi faible que l'on veut, par un rapprochement convenable de la variable et de la limite ou par une réduction suffisante de l'écart. Donc la somme aussi peut être amenée au-dessous de toute quantité finie et, par conséquent, au-dessous de la différence que l'on a supposée exister entre la relation convenant aux variables et celle qui devrait convenir aux limites. Cette différence n'existe donc pas.

Ce raisonnement par l'absurde (j'emploie le mot consacré) suppose tacitement qu'aucun des termes engendrés par la substitution des limites aux variables ne puisse devenir infini. C'est le cas habituel. Car les fonctions sont continues, comme les variables dont elles dépendent, et tout accroissement infiniment petit de la variable fait croître infiniment peu la fonction. Dès lors, quand on substitue, dans la relation, une limite à sa variable — ce qui revient à modifier infiniment peu celle-ci — les expressions où la variable figure doivent s'en ressentir très faiblement et ne sauraient prendre des valeurs infinies.

Dans certaines circonstances cependant les choses se passent autrement. Si l'on a affaire, je suppose, à la tangente trigonométrique d'un angle, et si cet angle approche de quatre-vingt-dix degrés, un très petit accroissement suffit à le rendre droit et la tangente devient infinie. La substitution de la limite à sa variable, ou de l'angle droit à l'angle aigu voisin, fait naître ainsi un terme infini et le raisonnement manque de base. Mais il faut voir de près la situation.

Le géomètre sait interpréter l'apparition de l'infini dans une équation ; il n'ignore pas qu'elle est l'indice d'une disposition particulière dont il ne s'était pas préoccupé en abordant le problème. Il raisonnait sur des obliques, et il se trouve en présence de parallèles. Il observait des ellipses, et il rencontre une parabole. Il recherchait un mouvement plus ou moins lent et il aboutit au repos, c'est-à-dire à la négation de tout mouvement. Rien de surprenant à ce que les relations établies dans l'hypothèse primitive ne conviennent pas à un type si différent. Mais le principe lui-même n'en est pas affecté, car en réalité il n'y a plus de limite : l'entrée en scène de l'infini la supprime. L'infini ne saurait constituer une limite; son nom l'indique. Il est, de sa nature, vague, indéterminé, tandis que toute limite est essentiellement fixe et précise, c'est-à-dire finie.

Nous prenons quelquefois le change à la suite de locutions mal appropriées. Par exemple, la parallèle étant la limite des obliques, nous parlons de la distance au point de rencontre comme si elle avait l'infini pour limite. Là est l'erreur de langage. La limite, susceptible de figurer dans les calculs, est non pas cette distance, mais la direction ou l'angle que les obliques forment avec une certaine base et qui tend à égaler l'angle formé par la parallèle. De même, dans le rapprochement de la parabole et des ellipses, la limite n'est pas la longueur infinie qui sépare les deux foyers, mais bien la direction de la droite qui joint le point de la courbe au second foyer, et dont le parallélisme avec l'axe de l'ellipse s'accuse de plus en plus. Le mot *limite* étant ramené à son vrai sens, le principe demeure toujours applicable.

Il est facile de prévoir le parti que les géomètres ont dû tirer d'une proposition aussi générale. En toute question où les relations entre les éléments réels ne sont pas directement aperçues, il y aura lieu de déterminer un système de variables ayant pour limites respectives ces éléments réels. Si l'on sait trouver les relations existant entre les variables, elles seront du même coup découvertes entre les limites. Car il suffira d'introduire dans les équations la condition du passage aux limites, ou d'exprimer que les variables diffèrent infiniment peu de la valeur de leurs limites.

Ainsi la mesure du cercle ou la relation entre la surface, la circonférence et le rayon, est remplacée par la mesure du polygone, c'est-à-dire par la relation analogue, mais beaucoup plus facile à discerner, qui existe entre la surface, le périmètre et l'apothème. L'inclinaison, sur l'axe des abscisses, de la tangente à une courbe est remplacée par l'inclinaison de la sécante tournant insensiblement autour du point de contact.

Les espaces parcourus par un mobile, sous l'influence d'une force continuellement variable, sont remplacés par les espaces parcourus sous l'influence d'une force variant par échelons et constante pendant chacun des petits intervalles. La courbure d'une ligne, de forme quelconque, est remplacée par celle d'un cercle passant par trois points de la courbe, qui deviendraient de plus en plus voisins. Si la relation entre les éléments substitués peut être obtenue, le problème se trouvera résolu.

Tel est l'objet essentiel de la méthode infinitésimale. Elle entreprend de remplacer les éléments réels par des éléments fictifs, susceptibles d'en approcher indéfiniment, et elle s'applique à déterminer pour les seconds les relations qu'on ne savait pas établir pour les premiers. Cette mission lui a mérité le nom de méthode *indirecte*. En effet, elle ne va pas droit au but, comme la méthode algébrique ordinaire. Elle n'opère pas sur les éléments proposés. Elle fait un détour; elle opère sur un problème à côté, artificiellement construit en vue de la solution. Mais il serait difficile d'imaginer rien de plus ingénieux, ni, en même temps, rien de plus conforme à la tendance générale de notre esprit, développée par les circonstances au milieu desquelles nous agissons. Que de fois nous sommes-nous vus dans l'impuissance de surmonter certains obstacles! Alors l'expérience nous apprend à choisir une voie plus longue, mais plus accessible. La méthode infinitésimale ne fait pas autrement. Elle tourne, elle aussi, la difficulté et parvient au but par un circuit, dont elle a su faire un procédé régulier et systématique.

La mise en œuvre n'est pas toujours simple. Souvent même elle dépasse les forces des plus grands géomètres. Soit qu'on reste dans le domaine des Mathématiques pures, soit qu'on poursuive la connaissance des lois naturelles, il peut être fort malaisé : 1° de trouver un système de variables appropriées, c'est-à-dire ayant pour limites respectives les quantités données; 2° de découvrir les relations entre ces variables, afin de les étendre à leurs limites.

Je ne parlerai pas de cette seconde partie, sur laquelle il n'est possible de tracer aucune règle. Tout dépend de la sagacité de l'analyste. Son habitude, sa clairvoyance, je dirai son inspiration, le guident seules dans cette recherche incertaine. Pour la première partie, au contraire, d'utiles indications sont données par la méthode infinitésimale.

Tout d'abord l'analyste sait qu'il n'est pas enfermé dans un seul système de variables. Plusieurs variables distinctes pouvant avoir la même limite, il exerce un choix sur les éléments fictifs à substituer aux éléments réels. Il peut, en un mot, aborder le problème par divers côtés. Afin qu'il ne s'égare pas dans ce choix préliminaire, la méthode suggère certaines restrictions. Notamment, aucune variable ne doit être admise si elle ne satisfait pas à la condition qu'entre elle et sa limite la différence soit susceptible de devenir infiniment petite. La même condition devant être remplie par toutes les variables qui tendent à la même limite, leurs différences mutuelles doivent descendre au-dessous de toute grandeur. Si donc les limites sont des infiniment petits (comme il advient de l'arc de cercle vers lequel converge le côté décroissant d'un polygone), les variables susceptibles de leur être substituées devront être aussi des infiniment petits, et des infiniment petits *du même ordre*. C'est la condition indispensable imposée à toute quantité qui remplace un élément réel du problème : elle ne doit en différer que d'une quantité infiniment petite par rapport à cet élément lui-même.

Les géomètres sont ainsi conduits à faire un premier départ parmi les quantités qui paraissent de nature à être utilisées. Par exemple, dans le problème déjà cité de la tangente à une courbe, l'accroissement de l'abscisse, celui de l'ordonnée, l'arc de courbe correspondant à cet accroissement, la corde, la portion de la tangente interceptée entre les deux ordonnées, sont des infiniment petits du premier ordre; au contraire, la portion de l'ordonnée comprise entre la tangente et la courbe est un infiniment petit du second ordre. Celui-ci ne peut donc être employé à la place d'un de ceux-là. Le mouvement d'un point matériel sur une courbe, sous l'action d'une force continue, est souvent décomposé en deux : l'un se poursuivant le long de la tangente, en vertu de la vitesse acquise et de la seule composante tangentielle de la force motrice; l'autre dirigé vers le centre de courbure, sous l'influence de la seule composante normale à la courbe. L'espace parcouru dans le mouvement tangentiel est un infiniment petit du premier ordre, tandis que l'espace parcouru dans le sens de la normale est un infiniment petit du second ordre. Si donc ces espaces entrent comme limites dans une combinaison, les variables correspondantes devront être d'ordres différents.

La deuxième règle, suite de la précédente, mérite une mention spéciale, car non seulement elle rend des services signalés, mais elle répand une vive lumière sur la rigueur des procédés de l'Analyse infinitésimale. Elle a une portée à la fois mathématique et philosophique.

Cette règle se formule ainsi : « Deux quantités variables finies, dont la différence est susceptible de devenir infiniment petite, peuvent être à tout moment substituées l'une à l'autre dans les calculs ».

Ces deux variables ont nécessairement la même limite. Car si elles avaient des limites distinctes, celles-ci différeraient entre elles d'une quantité finie, supérieure par conséquent à la différence entre les quantités données, laquelle est susceptible de devenir infiniment petite. Les variables, ayant donc la même limite, peuvent être remplacées l'une par l'autre, et il n'en saurait résulter aucune modification dans le résultat final. Soit qu'on opère sur l'une, soit qu'on eût opéré sur l'autre, forcément, quand on vient aux limites, on doit aboutir aux mêmes valeurs.

Ainsi, l'apparente cause d'erreur, apportée à un calcul par la substitution d'une quantité à une autre, susceptible d'en différer infiniment peu, ne peut se faire sentir sur la détermination de la limite. Cette cause d'erreur est destinée à s'évanouir, et s'évanouit en effet, au moment où les quantités variables sont abandonnées et où les limites sont seules en jeu.

Les équations entre les variables sont des équations d'attente ou *de transition*. Elles sont établies provisoirement et servent à conduire aux équations entre les limites. Si j'écris que « la surface du polygone régulier inscrit dans un cercle est égale au périmètre multiplié par la moitié de l'apothème », je crée une équation transitoire. Mon intention n'a pas été d'en rester là ; je me suis proposé de parvenir à une relation finale dans laquelle la surface du polygone, le périmètre et l'apothème seront respectivement remplacés par la surface, la circonférence et le rayon du cercle. Dans cette équation d'attente, je puis, sans compromettre le résultat poursuivi, remplacer les quantités employées par d'autres dont les différences sont susceptibles de devenir infiniment petites. Je pourrai notamment les remplacer par la surface, le périmètre et l'apothème du polygone circonscrit, ou par les mêmes éléments d'un polygone régulier d'une autre espèce. Toutes ces substitutions, n'entraînant que des différences en voie de s'évanouir, n'auront aucune influence sur la solution. Elles n'empêcheront pas de trouver les mêmes limites, puisque, à aucun moment, des substitutions faites dans de telles conditions n'ont la vertu de changer les limites.

Ce qui est vrai de deux quantités finies est également vrai de deux infiniment petits du même ordre, dont la différence converge vers un ordre supérieur. Ces deux infiniment petits ont la même limite, et leur substitution mutuelle, n'importe à quel moment, ne saurait modifier le résultat final.

L'analyste a dès lors devant lui un moyen puissant de simplifier et d'accélérer les opérations. Il peut non seulement au début, mais au cours des calculs, remplacer les quantités variables d'abord choisies par d'autres qui en diffèrent infiniment peu par rapport à elles-mêmes. Il peut aussi supprimer purement et simplement, dans une équation, tous les infiniment petits d'un ordre supérieur à ceux dont il fait emploi pour la détermination des limites. Il n'a point à s'en excuser, en alléguant qu'il les néglige « comme des grains de sable par rapport à la mer » ([1]). Il les néglige, parce que ces infiniment petits d'un ordre supérieur sont sans influence sur les limites. Il ne se prévaut pas d'une approximation poussée très loin; mais il use d'un droit rigoureux, absolu, et ses conclusions sont aussi certaines que les théorèmes d'Euclide.

Tel est le grand principe de la simplification des équations infinitésimales : principe sur lequel on a tant discuté, et qui n'a pas toujours été présenté d'une façon satisfaisante ([2]). Quand on

---

([1]) Parole célèbre attribuée à Leibniz. Ce ne serait pas la première fois — ni la dernière — qu'un inventeur de génie n'aurait pas aperçu immédiatement la raison philosophique de sa découverte.

([2]) L'illustre Lazare Carnot, dans le but de justifier la rigueur du Calcul infinitésimal, encore imparfaitement établie de son temps, avait imaginé une explication fort ingénieuse, mais, selon moi, assez peu philosophique : « En négligeant, dit-il, comme absolument nulles, les quantités qui peuvent être supposées aussi petites qu'on veut, lorsqu'elles se trouvent ajoutées à d'autres qui ne peuvent de même être supposées aussi petites qu'on veut, ou qu'elles s'en trouvent retranchées, il est évident que les erreurs qui pourront en naître dans le cours du calcul ou en affecter le résultat pourront être pareillement supposées aussi petites qu'on le voudra; donc il restera dans ce résultat quelque chose d'arbitraire, ce qui est contre l'hypothèse, puisque

en pénètre bien l'esprit, on y puise la conviction non seulement de l'entière exactitude des procédés analytiques, mais encore de leur parfaite similitude avec ceux de l'Algèbre ordinaire. Une fois la mise en équation obtenue, on fait usage d'un mécanisme également sûr; on recherche des quantités non moins fixes et déterminées, à savoir des limites, et l'on parvient à des résultats tout aussi exempts d'erreurs même minimes.

---

toutes les quantités arbitraires sont supposées entièrement éliminées. » (*Réflexions sur la Métaphysique du Calcul infinitésimal*, 4e édition, p. 24.)

Le raisonnement de Carnot repose sur ce fait que les opérations du Calcul infinitésimal, conduisant toujours à des relations entre quantités finies, éliminent par conséquent les infiniment petits qui figuraient à tort et dès lors redressent ou compensent les erreurs qui avaient pu être commises dans les équations du début et qu'il appelait pour ce motif *imparfaites* : « J'appelle, dit-il, *équation imparfaite*, toute équation dont l'exactitude rigoureuse n'est pas démontrée, mais dont on sait cependant que l'erreur, s'il en existe une, peut être supposée aussi petite qu'on le veut; c'est-à-dire telle que, pour rendre cette équation parfaitement exacte, il suffit de substituer aux quantités qui y entrent, ou seulement à quelques-unes d'entre elles, d'autres quantités qui en diffèrent infiniment peu. » (*Idem*. p. 30.) Les équations imparfaites de Carnot sont des équations de transition, ainsi que nous les avons nommées, parfaitement exactes, en ce sens qu'elles sont le prélude d'un passage aux limites dans lequel les infiniment petits d'ordre supérieur ne joueront aucun rôle.

La méthode infinitésimale se résume donc dans cette double opération :

1° Remplacer les éléments réels de la question par des éléments auxiliaires qui puissent se rapprocher indéfiniment des premiers ;

2° Supprimer purement et simplement au cours des calculs les quantités susceptibles de devenir infiniment petites par rapport à celles dont on se propose de déterminer les limites.

La simplicité théorique ne laisse rien à désirer. Mais, en pratique, la méthode ainsi présentée entraîne de sérieux inconvénients. L'obligation où l'on se met, sur chaque question, de commencer par un détour en vue de trouver des variables pouvant avoir pour limites les éléments donnés, ramène toute la série des considérations propres à ce genre de recherches. Il semble cependant qu'on eût dû être édifié une fois pour toutes. Quelle nécessité, par exemple, de rappeler à tout propos qu'une courbe est la limite des polygones dont le nombre des côtés augmente sans cesse? ou qu'un mouvement varié est la limite d'une succession de mouvements uniformes dont la durée diminue indéfiniment?

S'exprimer ainsi revient à dire que les petits

arcs de courbe diffèrent de leurs cordes, et les petits mouvements variés des mouvements uniformes, de quantités infiniment petites par rapport à eux-mêmes. Or, deux variables, dont la différence devient infiniment petite par rapport à elles-mêmes, peuvent être remplacées l'une par l'autre, sans risque d'erreur dans le résultat final. De là à déclarer que les petits arcs de courbe sont assimilables à des lignes droites, et les petits mouvements variés à des mouvements uniformes; ou mieux encore : à dire tout net que les petits arcs de courbe sont rectilignes et que les petits mouvements variés sont uniformes, il n'y a évidemment qu'un pas. Et ce pas a été franchi par Leibnitz et par ses disciples.

Il faut s'en féliciter, car c'est l'origine du grand essor donné à l'Analyse infinitésimale. Cette Science n'est véritablement entrée dans le domaine public que le jour où il a été admis : que les courbes sont composées d'une infinité de lignes droites infiniment petites, ou d'*éléments* rectilignes; que le mouvement varié est composé d'une infinité de mouvements uniformes infiniment courts, ou d'*éléments* uniformes; qu'une surface courbe est composée d'une infinité de surfaces planes infiniment petites, ou d'*éléments* plans; que le refroidissement d'un corps s'opère par une succession de refroidissements *élémentaires* pendant chacun desquels la vitesse demeure constante, etc. En un mot, les grandeurs de toute nature ont été décomposées idéalement en éléments plus simples, entre lesquels il devient possible, à raison de cette simplicité même, d'établir des relations qui se dérobent quand on veut les poursuivre directement entre les éléments réels.

Ce mode de décomposition ou, pour parler plus correctement, *l'assimilation* des éléments réels aux éléments fictifs est manifestement légitime. Car, au fond, ce n'est qu'une façon voilée et expéditive de pratiquer la méthode des limites. On suppose parcourue, sans le dire, toute la série préalable des investigations et des raisonnements impliqués dans cette méthode. On s'appuie sur elle tacitement, mais très directement. On lui doit, par conséquent, la rigueur dont le procédé expéditif a besoin.

La liaison n'a pas été reconnue tout d'abord. Leibnitz, allant droit à la vérité, sans passer par les intermédiaires imposés au commun des hommes, n'a pas formulé la raison de sa découverte. Il s'est borné à la justifier par d'éclatants services; il a donné comme en se jouant la solution de problèmes réputés jusqu'alors inabordables. Mais aujourd'hui il n'est plus permis de se contenter d'une démonstration en quelque sorte expérimentale, ni d'affirmer sur la foi du génie. Il est nécessaire de faire reposer l'édifice sur des bases indiscutables. La théorie des limites a pu seule les fournir.

La méthode d'assimilation ou méthode leibnitzienne, précisément par les facilités qu'elle offre, par la rapidité à laquelle elle convie les opérateurs, n'est pas exempte de certains dangers. Faute d'une attention suffisante, on est exposé à assimiler des éléments au fond très dissemblables, car ils ne sont pas du même ordre de petitesse. Le mouvement varié, par exemple, est l'occasion d'assimilations très diverses, entre lesquelles il faut se reconnaître. Veut-on déterminer la vitesse, à un certain moment? Le mouvement est regardé comme constant, à partir de ce moment, pendant un temps infiniment court, et la force est tenue pour nulle pendant ce même temps. Veut-on mesurer la tendance du mobile à abandonner la courbe ou, selon la locution admise, calculer la force centrifuge? Le point de vue change aussitôt. Cette force motrice, tout à l'heure nulle, est actuellement regardée comme constante ; elle est décomposée en une force tangentielle et une force normale, et l'on recherche l'espace que celle-ci fait parcourir au mobile vers le centre de la courbe. Ainsi la composante normale et le parcours correspondant sont négligés ou retenus selon la nature de la question posée. La préoccupation doit donc être de bien fixer l'ordre de petitesse des quantités en présence, parce que tels infiniment petits négligeables devant certaines d'entre elles cessent de l'être devant certaines autres. Avant tout, il faut, nous l'avons dit, n'associer que des quantités du même ordre et ne point substituer l'un à l'autre des éléments dont la différence ne serait pas infiniment petite par rapport à eux-mêmes. Dans le cas du mouvement varié, l'espace parcouru sur la courbe ou sur la tangente est un infiniment petit du premier ordre ; l'espace parcouru sur la normale est un infiniment petit du second ordre. La longueur décrite en vertu de la seule vitesse acquise est un infiniment petit du premier ordre ; l'accroissement de longueur dû à l'action de la composante tangentielle est un infiniment petit du second ordre. Ces diverses quantités ne pourraient donc être indifféremment substituées l'une à l'autre.

Telle est dans son essence la célèbre méthode du philosophe allemand. On ne saurait, entre autres avantages, lui refuser une qualité tout à fait éminente : celle d'être merveilleusement appropriée à la disposition de notre esprit, disons même aux procédés de la Nature ou du moins à notre manière de les concevoir. La décomposition de la grandeur continue en une multitude de petites parties, sorte d'échelle dont les barreaux deviennent de moins en moins distants, est la meilleure représentation, à nos yeux, du phénomène de la croissance ou de la décroissance. Sans doute, nous avons l'idée de la variation continue, mais nous n'en avons pas l'image; nous sommes obligés d'en revenir toujours à de très petits soubresauts successifs. Nous n'imaginons pas autrement le transport d'un mobile qui décrit une courbe dans l'espace.

La conception de Leibnitz est la généralisation de ce point de vue. Elle ramène le continu à ses éléments infinitésimaux, comme ferait un chimiste décomposant un corps en ses particules dernières. Là où est le suprême mérite de ce grand homme, c'est d'avoir reconnu que l'introduction d'une semblable hypothèse ne vicie nullement le calcul. A la condition de considérer les éléments comme vraiment infinitésimaux ou comme susceptibles de descendre au-dessous de toute valeur assignable, l'exactitude de son procédé est inattaquable. Il lui restait à indiquer le *pourquoi* de cette exactitude, c'est-à-dire à montrer que l'intention où l'on est de passer, plus ou moins explicitement, aux limites enlève tout intérêt aux différences qui peuvent provenir de l'introduction des éléments fictifs à la place des éléments réels. Il a laissé ce soin à ses successeurs.

Les géomètres grecs avaient eu la vue partielle de ces vérités. La mesure du cercle et des trois corps ronds, dans la Géométrie d'Euclide, les inventions d'Archimède pour des figures plus compliquées, renferment en germe l'Analyse infinitésimale. Mais privés, comme ils l'étaient, des ressources de l'Algèbre ; n'ayant pas, comme Leibnitz et Newton, à leur disposition les admirables travaux de Viète et surtout de Descartes, ils ne purent s'élever à la hauteur d'une méthode générale et encore moins instituer un procédé régulier comparable, par sa sûreté, au Calcul différentiel et au Calcul intégral. Néanmoins leurs recherches, même incomplètes, permettent de renouer la chaîne du passé. Le long effort qui, après plus de deux mille ans, devait aboutir à l'Analyse actuelle, montre l'esprit humain constamment fidèle à lui-même, avançant toujours sans dévier, étendant et généralisant ses méthodes, mais ne perdant jamais de vue l'idée première qui les avait inspirées.

CHAPITRE VII.

DU CALCUL INFINITÉSIMAL.

Le Calcul infinitésimal a pour destination de résoudre les équations établies à l'aide de la méthode, ou de déterminer la valeur des limites dont les expressions figurent dans les équations.

On pourrait croire, au premier abord, que ces expressions revêtent les formes les plus variées. Il n'en est rien. Nonobstant le nombre immense de questions dont la solution nous préoccupe, les types de limites servant à y faire face sont réduits à deux seulement. L'insuffisance semblerait évidente si nous ne nous rappelions combien sont peu nombreux les concepts essentiels de l'esprit humain et à quelle multiplicité d'emplois chacun d'eux paraît réservé. Quoi de plus compréhensif, par exemple, que l'idée de *relation,* laquelle aboutit finalement, sous peine de perdre toute précision, à une égalité ou à une équation entre les quantités en présence? Vainement nous chercherions à avoir une notion claire de relation, en dehors de cet unique concept d'égalité. D'où que nous partions, nous sommes inévitablement ramenés à une équation entre combinaisons diverses, réalisées au moyen des opérations usitées en Mathématiques. Du reste, le langage ordinaire porte l'empreinte de notre propension à ranger nos connaissances sous de rares catégories, généralement associées par couples. La *négation* et l'*affirmation*, le *pour* et le *contre*, le *tout* et la *partie*, le *fini* et l'*infini* sont autant de manifestations de cette forme de l'entendement. Il ne faut point s'étonner dès lors que les types de limites soient en si petit nombre.

On s'en étonne moins encore quand on récapitule les opérations mathématiques auxquelles la notion de limite doit être adaptée. De décomposition en décomposition, il faut toujours en arriver aux opérations élémentaires, aux fonctions irréductibles désignées sous le nom d'*algorithmes*. Si nous reprenons l'énumération du Chapitre III, nous reconnaîtrons que les quatre fonctions essentielles sur lesquelles la notion de limite puisse utilement porter sont : l'addition, la soustraction, la multiplication et la division.

Mais quel sens aurait la limite d'une soustraction dont les deux termes seraient des infiniment petits du même ordre, comme la corde et l'arc sous-tendu? Évidemment cette différence convergerait vers zéro et n'offrirait aucun intérêt. Il en serait de même de la limite d'une multiplication dont les deux facteurs auraient des valeurs infiniment petites. Le produit serait un infiniment petit d'ordre supérieur, dont la considération serait sans utilité. Au contraire, la limite d'une division peut être fort intéressante. Tandis que le dividende et le diviseur diminuent, le quotient ne cesse pas d'avoir une valeur finie, et cette valeur tend vers une limite fixe, quand le dividende et le diviseur tendent eux-mêmes vers zéro. Pareillement, une somme d'infiniment petits peut avoir et a généralement une limite finie, quand le nombre des termes augmente en proportion de leur petitesse. Le Calcul infinitésimal porte donc sur les limites de rapport et sur les limites de sommes. Il se propose d'établir des procédés méthodiques à l'aide desquels ces limites pourront être effectivement évaluées dans chaque cas particulier.

Sans doute tous les objets de la Nature et ceux qu'engendre le génie des géomètres ne rentrent pas sous ces deux concepts. On en peut imaginer un très grand nombre dont l'expression exigerait d'autres sortes de limites. Toutefois, et bien que le champ reste théoriquement ouvert, en fait, depuis trois siècles, il n'a pas été créé une forme de limite nouvelle. Le mémorable effort de Lagrange, aboutissant au *Calcul des variations,* ne procède pas d'une idée distincte de celles de Newton et de Leibnitz. Au point de vue philosophique, nous sommes restés en possession des deux seuls types mis en relief par les premiers inventeurs.

Les limites ainsi restreintes n'en offrent pas moins une immense utilité, car elles s'adaptent à un nombre d'objets tout à fait surprenant. Elles correspondent aux plus dignes de fixer notre attention, et, si elles pouvaient être exploitées entièrement, elles laisseraient en dehors bien peu de cas importants. Leur insuffisance provient beaucoup moins de leur manque de compréhension que de l'impuissance où nous sommes trop souvent d'en trouver pratiquement les valeurs. Nous rencontrons les bornes du calcul avant celles de la conception métaphysique.

Les limites de rapport se présentent notamment dans deux séries de questions, d'un ordre très étendu, et qui, au fond, se réclament toutes deux de la même idée. Ce sont les questions de tangence en Géométrie, et celles de vitesse en Mécanique.

L'idée de vitesse, nous en avons fait la remarque, dépasse les frontières de la Mécanique. Elle s'étend à tous les phénomènes dans lesquels on recherche la loi de la variation d'un élément par rapport à la durée. J'ai cité des faits de l'ordre physique, chimique et même social, à l'occasion desquels la notion de vitesse surgit naturellement. On pourrait généraliser encore davantage et concevoir la vitesse comme rapport des variations de deux quantités quelconques dont l'une, prise pour terme de comparaison, est supposée grandir uniformément; on crée ainsi une sorte de vitesse métaphorique. On peut évaluer, par exemple, la loi des profondeurs de la mer, d'après la distance au rivage, ou la loi de la distribution de la température dans un corps homogène, suivant la distance au foyer. Ces rapports, qui n'ont, je le reconnais, avec la vitesse qu'une analogie assez lointaine, ont reçu des noms différents, selon la nature des phénomènes. Celui de *pente* ou d'*inclinaison* est un des plus usités. Le calcul de la limite s'effectue d'ailleurs par les mêmes procédés.

Les questions de tangence, dont les géomètres s'occupaient si passionnément avant la découverte du Calcul infinitésimal, se rattachent à l'idée d'inclinaison et, par suite, à celle de vitesse généralisée.

Au surplus, la tangence ne se sépare pas de la vitesse dans le problème mécanique. En effet, dans le mouvement curviligne d'un mobile, la vitesse est à chaque instant dirigée suivant la tangente à la trajectoire, et sa grandeur est mesurée par le rapport de l'élément tangentiel décrit à l'élément du temps. L'inclinaison de la tangente marque donc à tout instant la direction du mouvement. La manière dont cette inclinaison varie, d'un point à un autre de la trajectoire, marque l'intensité de la composante normale qui tend à rejeter le mobile vers le centre de la courbe. Les questions de tangence, étudiées en dehors des questions de mouvement, forment un chapitre important de la Géométrie.

Les limites de somme ne jouent pas un rôle moindre. Elles servent particulièrement à la détermination des quantités qui sont pour ainsi dire réciproques de la tangence et de la vitesse : je veux désigner les espaces parcourus et les longueurs des courbes. Le chemin décrit par un mobile peut être considéré comme le sujet d'un problème inverse à celui de la vitesse. Si l'on connaissait la vitesse à tout instant, on en déduirait l'espace parcouru : il serait représenté par la somme des produits obtenus en multipliant à chaque instant la vitesse par une durée infiniment petite. Tout se réduit donc à calculer effectivement cette somme, c'est-à-dire à évaluer la limite vers laquelle converge la collection des termes infiniment petits correspondant aux vitesses successives.

Dans cette question et dans une foule d'autres, la limite de somme éveille l'idée de génération ou de cause. L'espace parcouru est véritablement engendré par la vitesse. La vitesse, à son tour, est engendrée par la force motrice, et est exprimée par la somme des produits obtenus en multipliant, à chaque instant, l'intensité de la force par la durée infiniment petite de son action. La même remarque s'étend à tous les problèmes naturels dans lesquels on est conduit à envisager une sorte de vitesse analogue à la vitesse mécanique, et une action déterminante, analogue à la force motrice.

En Géométrie, l'idée de cause ne peut pas être invoquée directement. Toutefois on y est ramené, si l'on veut bien regarder les lignes comme engendrées par le déplacement d'un point matériel. Le périmètre d'un arc de courbe offre alors beaucoup d'analogie avec une portion de trajectoire. Sa longueur est exprimée par la somme des produits obtenus en multipliant l'inclinaison de la tangente en chaque point par l'accroissement infiniment petit de la coordonnée de la courbe. De même pour la surface comprise à l'intérieur d'une courbe. On peut la considérer comme engendrée par une droite qui se déplace parallèlement à elle-même, en appuyant ses extrémités sur la courbe. Cette surface est, en conséquence, exprimée par la somme d'une infinité de termes égaux chacun au produit de la droite par son déplacement infiniment petit.

La limite de rapport éveille plutôt l'idée de concomitance ou d'une relation de position. La direction d'une tangente est en relation de position avec les coordonnées de la courbe. La vitesse d'un mobile, déduite de l'espace parcouru, est un fait concomitant avec ce parcours, dans un temps infiniment bref. L'accélération ou l'accroissement de vitesse est aussi un fait concomitant avec l'accroissement du parcours pendant deux instants consécutifs. En pareil cas, l'idée de génération ne se présente pas à l'esprit. Nous avons remarqué néanmoins que la vitesse, au lieu d'être déduite du rapport de l'espace parcouru à la durée employée, peut être regardée comme la limite de la somme des termes obtenus en multipliant la force par les durées élémentaires. Cet exemple d'un objet envisagé tour à tour, selon le point de vue qui prévaut, comme une limite de somme ou comme une limite de rapport, comme un effet ou comme une cause (effet vis-à-vis de la force et cause au regard de l'espace parcouru), n'est point de nature à surprendre. Car nous savons que, dans l'enchaînement des phénomènes, chacun d'eux est alternativement cause et effet : effet par rapport à celui qui le précède et cause par rapport à celui qui le suit. Il n'est donc pas étonnant que dans la Mécanique, qui est la première des Sciences physiques, nos conceptions se ressentent de cette vue générale sur la coordination des faits dans le temps.

La branche de l'Algèbre qui a pour but le calcul des limites de rapport, a reçu le nom de *Calcul différentiel,* et celle qui a pour but le calcul des limites de somme a reçu le nom de *Calcul intégral.* Cette dernière appellation s'explique d'elle-même : il s'agit de calculer l'*intégralité* ou l'entier dont chacun des très petits termes est une partie.

La limite de rapport s'obtient par un procédé qui n'est jamais en défaut. Le principe en est connu : la variable indépendante reçoit un accroissement fini et la fonction est développée en série, suivant les puissances ascendantes de cet accroissement. Le rapport de l'accroissement de la fonction à l'accroissement de la variable revêt la forme d'un polygone dont le premier terme est une certaine fonction algébrique dite *dérivée première* (parce qu'elle dérive de la fonction donnée d'après des lois constantes), et dont tous les autres termes sont affectés des puissances ascendantes de l'accroissement de la variable indépendante. Quand on passe à la limite, c'est-à-dire quand on suppose l'accroissement infiniment petit, tous les termes, sauf le premier, qui n'est pas affecté de cet accroissement, tendent à s'annuler et disparaissent devant lui, en vertu de la règle qui permet, dans un calcul de limites, de supprimer les quantités infiniment petites et de retenir seulement les quantités finies. La limite cherchée a donc pour valeur le premier terme, ou la dérivée première de la fonction.

Cette dérivée peut toujours être calculée. En effet, la dérivée de la fonction la plus complexe se ramène aux dérivées des fonctions simples. Celles-ci ont été déterminées une fois pour toutes et forment une sorte de Table de Pythagore. L'algébriste se borne à consulter cette liste, après avoir réduit la fonction composée en fonctions simples; de même qu'il ramène la multiplication des plus grands nombres à celle des neuf premiers chiffres.

La dérivée première, limite du rapport de l'accroissement de la fonction à l'accroissement de la variable, possède une valeur finie dans les fonctions continues. On cite cependant quelques fonctions artificiellement construites par les géomètres qui, tout en étant continues, peuvent n'avoir pas de dérivée finie. Je ne m'arrêterai pas sur ces exceptions, qui n'ont pas de relation avec les phénomènes réels et qui, je le crois, en dehors de la curiosité mathématique, ne présentent pas une très grande utilité.

D'après la notation et suivant le langage de Leibnitz, la limite d'un rapport est « le rapport de l'accroissement infiniment petit de la fonction à l'accroissement infiniment petit de la variable » ; dans l'hypothèse, bien entendu, d'un passage ultérieur aux limites. En vertu de cette définition, et toujours avec la même hypothèse, l'accroissement infiniment petit de la fonction est égal au produit de la dérivée par l'accroissement infiniment petit de la variable. Tant que le passage aux limites n'a pas effectivement lieu, cette égalité n'est pas exacte. Le produit représente seulement une partie de l'accroissement de la fonction, autrement dit la différence partielle entre deux valeurs de la fonction, correspondant à deux valeurs distinctes de la variable. La contraction des deux mots *différence* et *partielle* a donné le vocable *différentielle*, par lequel ce produit est définitivement désigné. Le Calcul différentiel signifie donc Calcul des différences partielles ou des dérivées.

Les limites de somme ont, comme les limites de rapport, et sous les mêmes réserves, des valeurs finies, quand les fonctions jouissent de la continuité. Mais le Calcul intégral manque d'un procédé régulier et sûr pour les déterminer. « Il en est de ces deux parties de l'Analyse des fonctions (Calcul différentiel et Calcul intégral), dit Lagrange, comme de celles de l'Arithmétique et de l'Algèbre qui ont pour objet les opérations directes de la multiplication et de l'élévation aux puissances, et les opérations inverses de la division et de l'extraction des racines. Les opérations de la première espèce sont toujours possibles par les règles connues, et donnent toujours des résultats exacts; celles de la seconde espèce, au contraire, ne le sont que dans certains cas, au moins rigoureusement, et dans tous les autres elles ne peuvent donner que des résultats approchés (1). » Personne n'ignore que, s'il est facile de multiplier un nombre par lui-même ou d'en former le carré, il est généralement impossible de trouver un nombre qui multiplié par lui-même reproduise le nombre donné ou en soit la racine carrée. Cependant cette racine existe virtuellement; en certains cas même nous savons la figurer d'une manière fort claire. Le côté d'un carré géométrique, par exemple, étant égal à l'unité, la diagonale de

(1) *Théorie des fonctions analytiques*, p. 124.

ce même carré représente la racine du nombre deux, dont l'expression arithmétique échappe à nos moyens. De même les intégrales existent virtuellement, mais nous ne savons pas les trouver ou en exprimer les valeurs. Nous sommes réduits le plus souvent à procéder par tâtonnements.

C'est une chose digne d'admiration qu'avec un instrument aussi imparfait les géomètres soient parvenus, à force d'artifices et de détours ingénieux, à calculer, sinon exactement, du moins avec une approximation fort suffisante, un très grand nombre d'intégrales, et à résoudre les questions les plus importantes des Mathématiques et de la Physique. Les travaux du siècle actuel, s'ils n'ont pas abouti à une conception entièrement neuve, comme celle de Descartes ou celle de Leibnitz, fixeront l'attention de la postérité par les prodigieux développements donnés à l'application des conceptions antérieures.

La réciprocité entre la différentiation et l'intégration, à laquelle je viens de faire allusion, n'est pas évidente *a priori*, comme la réciprocité entre la multiplication et la division; mais avec quelque attention on ne tarde pas à la découvrir. En effet, l'accroissement d'une fonction est égal au produit de la dérivée de cette fonction par l'accroissement de la variable indépendante, plus une quantité qui converge vers zéro en même temps que cet accroissement de la variable. Supposons que la fonction croisse par degrés successifs, depuis une certaine valeur de la variable jusqu'à une autre valeur plus ou moins éloignée. La différence des valeurs de la fonction, entre ces deux valeurs extrêmes de la variable, sera égale : 1° à la somme des produits obtenus en multipliant chacune des valeurs intermédiaires de la fonction par l'accroissement intermédiaire de la variable; 2° à une somme de termes qui convergeront tous vers zéro, si l'on resserre de plus en plus les échelons de la variable ou si on la fait croître par degrés de plus en plus voisins. A la limite, tous ces termes disparaîtront et la différence des valeurs de la fonction, entre les valeurs extrêmes de la variable, sera simplement égale à la somme des produits obtenus en multipliant les valeurs successives de la fonction par l'accroissement infiniment petit de la variable. Autrement dit, cette différence sera égale à l'intégrale de la fonction;

et, réciproquement, cette fonction sera la propre dérivée de la quantité proposée.

Par conséquent, la recherche de l'intégrale d'une fonction revient à la recherche d'une quantité dont la dérivée soit égale à la fonction donnée; De même que la recherche d'une racine revient à la recherche d'une quantité dont la puissance soit égale au nombre donné. La réciprocité entre les deux opérations est donc parfaite. Si j'ai tenu à la mettre en relief, ce n'est pas pour entreprendre sur le terrain technique, mais pour montrer le procédé intellectuel par lequel, une fois de plus, nous associons nos connaissances par groupes binaires, à termes inverses. La Nature, dans ses manifestations, semble avoir adopté souvent une marche analogue. Indépendamment de la grande loi de l'action et de la réaction, elle nous montre, en Physique, les électricités de noms contraires (je me conforme à l'ancienne terminologie), et en Chimie, les combinaisons acides et basiques. J'en pourrais citer bien d'autres exemples.

Il est une autre proposition que je rapporterai, malgré son aspect un peu aride, car elle éclaire supérieurement le mécanisme infinitésimal.

Les différentielles successives d'une fonction

s'échelonnent dans le même ordre de grandeur que les infiniment petits. La différentielle première est un infiniment petit du premier ordre; la différentielle seconde est un infiniment petit du second ordre; la différentielle troisième est un infiniment petit du troisième ordre; et ainsi de suite.

Un tel mode de décroissance ne se reconnaît pas du premier coup d'œil. Il semblerait plutôt que la différentielle seconde (différence entre les deux différentielles premières correspondant à deux valeurs consécutives de la variable) devrait être de l'ordre de ces deux différentielles, c'est-à-dire devrait être comme elles un infiniment petit du premier ordre. Pourquoi est-elle du second? Rappelons-nous que la différentielle première est égale au produit de la fonction dérivée par l'accroissement de la variable. Si l'on prend les valeurs de cette fonction dérivée pour deux valeurs consécutives de la variable, la différence, en vertu de la loi de formation de la différentielle, sera exprimée par la dérivée de la fonction dérivée ou par la dérivée seconde, multipliée par l'accroissement de la variable. La différentielle seconde se trouvera donc exprimée au moyen du produit de la dérivée seconde par le carré de l'accroissement de la variable, soit par un infiniment petit du second ordre. Même raisonnement pour les différentielles suivantes.

C'est un fait très remarquable que les dérivées supérieures à la première étant définies indépendamment des accroissements de la fonction primitive, et, d'autre part, les différentielles supérieures à la première étant définies sans préoccupation des dérivées, il existe, entre ces quantités en apparence étrangères l'une à l'autre, la même relation simple et harmonique qui constitue la dérivée du premier ordre. L'enchaînement des dérivées successives est donc encore plus étroit qu'on n'était en droit de le conclure de leur seule définition. Aussi quelques auteurs ont-ils voulu renverser les termes et définir les dérivées d'après cette relation même. Mais la marche est ainsi moins naturelle et elle oblige d'ailleurs à démontrer plus tard que la dérivée d'un certain ordre est la dérivée de la dérivée précédente.

L'ordre de décroissance des différentielles les rend merveilleusement propres à représenter les diverses catégories d'infiniment petits que nous rencontrons dans les figures géométriques ou dans les phénomènes naturels. Ainsi, quand un mobile est sollicité par une force continue, l'accroissement de la vitesse, pendant un instant, est un infiniment petit du premier ordre et est exprimé par la différentielle première. La variation de l'accroissement, entre deux instants consécutifs, est un infiniment petit du second ordre et est exprimée par la différentielle seconde. De même quand un vase se vide par un orifice inférieur, le ralentissement du débit, entre deux instants consécutifs, est une différentielle du second ordre.

Aussi a-t-on dit avec justesse que l'Analyse infinitésimale est également bien appropriée aux procédés de la Nature et aux conceptions de la raison. Elle semble former un trait d'union entre l'intelligence humaine et le monde extérieur, et ce n'est pas le moins bel éloge qu'on en puisse faire.

CHAPITRE VIII.

L'ANALYSE INFINITÉSIMALE ET LA MATIÈRE.

L'Analyse infinitésimale repose sur les idées de continuité et de divisibilité à l'infini. Comment ses procédés sont-ils rendus applicables au monde de la matière, chez lequel nous ne rencontrons que le discontinu et la division limitée?

Nous avons d'abord à distinguer entre les corps et leurs phénomènes.

Les corps, en tant que portions de matière diversement agglomérée, sont tous discontinus. Ils le sont même parfois assez pour que le vide l'emporte de beaucoup sur le plein. Par conséquent la figure d'un corps est une apparence trompeuse. Nous n'avons pas sous les yeux le volume réellement occupé par la matière, mais la forme géométrique affectée par un assemblage de particules plus ou moins distantes les unes des autres. Le volume apparent est toujours supérieur à celui que la matière occuperait, si elle pouvait être condensée de façon à ne plus offrir d'interstices. L'application non seulement de l'Analyse infinitésimale, mais de toute méthode géométrique à la mesure de la surface et du volume ne saurait donner de résultats rigoureusement exacts. Il en est de même de tout procédé tendant à la détermination des densités. Les chiffres obtenus se rapportent à des corps apparents ou fictifs, non à la matière même dont ces corps sont composés et sur laquelle nous nous imaginons opérer.

Mais la pratique des choses et les besoins des arts ne nous obligent pas, la plupart du temps, à une exactitude trop minutieuse. Aussi sommes-nous d'accord, en général, pour considérer les corps comme étant ce qu'ils nous paraissent être. Nous faisons abstraction, surtout dans les liquides et dans un grand nombre de solides, des vides qui peuvent exister entre les particules et à plus forte raison entre les éléments constitutifs d'une particule. Nous raisonnons comme si la matière était uniformément répandue dans le volume du corps, sans solution de continuité. En un mot, nous substituons au corps réel une sorte de corps *moyen* et nos déterminations portent désormais sur des moyennes. La densité, la capacité calorifique, la cohésion, ne sont pas celles de la substance qui forme le corps; mais elles en offrent une réduction, dans la proportion du plein au volume apparent. De même la surface du corps est appréciée sans tenir compte des alternances de vide et de plein; elle est censée représenter le seul développement de la substance.

Cette manière de voir est exempte d'inconvénients pratiques et par conséquent elle est légitime. Il serait d'ailleurs impossible le plus souvent de faire autrement, car il ne dépend pas de nous d'isoler la matière et de l'étudier à l'état de continuité parfaite. Nous avons intérêt à connaître, non les propriétés de corps théoriques, mais les propriétés des corps, tels qu'ils se présentent dans la Nature. Ils importent seuls à nos besoins et dans beaucoup de cas même à nos spéculations scientifiques. L'hypothèse de la répartition uniforme et continue de la matière, aboutissant à la constitution d'un corps moyen, est en harmonie avec la réalité de nos impressions et avec les exigences de nos procédés de détermination.

A des corps ainsi conçus, l'Analyse infinitésimale est strictement applicable. La mesure des surfaces et des volumes, notamment, n'y souffre pas plus de difficultés que chez les solides géométriques. Il en sera de même de la densité, qui résulte de la mesure directe du poids rapporté au volume; ou de la capacité calorifique, qui résulte de la mesure directe d'une quantité de chaleur rapportée au volume ou au poids.

J'en viens à une classe de faits auxquels l'Analyse infinitésimale s'adapte naturellement, sans qu'il soit même nécessaire de faire une hypothèse semblable à celle qui vise la constitution physique des corps. Je veux parler des innombrables phénomènes liés au temps et particulièrement de ceux qui impliquent l'idée de mouvement.

Quand un corps se déplace dans l'espace, sa trajectoire, sa vitesse, les variations de cette vitesse sont des quantités continues. Il n'en pourrait être autrement que si les corps avaient la propriété de changer brusquement de vitesse ou de direction, dans un instant indivisible. Mais l'expérience montre que tel n'est jamais le cas. Dans les phénomènes les plus rapides, dans ceux qu'on qualifiait autrefois d'*instantanés*, comme les chocs et les explosions, il s'écoule toujours une durée finie. Les réactions chimiques, d'ordinaire si promptes, exigent aussi un certain délai. Il n'est pas même bien sûr que la vitesse avec laquelle les molécules se précipitent les unes sur les autres soit très grande, eu égard à la faible distance qui les sépare.

Du reste, plus nous nous élevons au-dessus de l'horizon borné dans lequel se déroule notre existence, plus nous sentons combien ces questions de vitesse sont relatives. Embrassons des parties de l'univers suffisamment vastes, les mots perdent leur sens habituel. Les mouvements qualifiés par nous de rapides semblent s'accomplir avec une décourageante lenteur. Rien de plus instantané assurément sur notre globe que la transmission de la lumière, qui parcourrait vingt fois la longueur de l'axe terrestre en moins d'une seconde. Déjà notre impression se modifie, si nous songeons que cette même lumière emploie quatre heures pour se rendre du Soleil à la planète Neptune. Mais que sera-ce, quand les astronomes nous diront qu'elle réclame trente mille ans, d'une extrémité à l'autre de la Voie lactée? En vérité, si ce dernier chiffre était seul articulé, et si nous n'avions pas présentes à l'esprit les autres étapes, nous serions tentés de trouver que la lumière est un agent bien lent dans sa progression.

Les éléments des phénomènes dynamiques, vitesse, trajectoire, accélération, sont donc des grandeurs continues pendant des durées plus ou moins courtes, mais toujours finies. Les forces, de leur côté, agissent d'une manière continue et les variations de leur intensité s'opèrent avec continuité. La plupart d'entre elles, la gravitation universelle, les attractions moléculaires, sont fonction de la distance; entre deux parties de matière, l'intensité varie suivant la distance qui les sépare. Cette distance étant, comme toutes les grandeurs géométriques, soumise à la continuité, les variations des forces sont également continues. Il n'apparaît pas d'ailleurs que leur action soit intermittente ou s'exerce par petites saccades. Les astronomes, dans leurs calculs, considèrent la gravitation comme variant uniquement avec la distance. Il ne leur est jamais venu à l'esprit d'admettre que cette force éprouvât des alternatives, qu'elle cessât et reprît son action à de petits intervalles. Les observations les plus minutieuses n'ont jamais montré que le poids d'un corps oscillât pendant la durée de sa suspension. Au contraire le ressort auquel il est attaché, après avoir pris sa forme d'équilibre, la garde indéfiniment sous l'influence de la pesanteur.

En certains cas, les forces augmentent graduellement d'intensité par suite de l'accumulation de la matière. Tel est le poids d'un vase qui se remplit peu à peu de liquide; telle est la pression exercée sur une enveloppe dans laquelle afflue un gaz ou une vapeur. On pourrait à la rigueur soutenir que, le liquide ou le gaz étant formés de particules distinctes, l'accroissement du poids ou de la pression s'effectue par petites additions consécutives et que la continuité mathématique n'existe pas. Mais qui ne verrait là un simple jeu d'esprit, peu digne d'arrêter l'attention? Les choses se passent pour nous comme si la continuité était réelle; l'erreur commise est de beaucoup inférieure à celle qu'entraînent les procédés de mesurage les plus perfectionnés. A plus forte raison cette conclusion s'applique-t-elle à des agents autrement subtils, au calorique ou à l'électricité. Il faudrait un bien grand amour du paradoxe pour prétendre que l'accumulation du calorique ne s'opère pas d'une manière continue, mais qu'elle résulte d'une série de vibrations entre lesquelles la distinction doit être maintenue.

Ainsi les phénomènes qui sont liés à l'idée de succession, les changements qui se réalisent avec le temps, nous paraissent être continus. S'ils ne le sont pas dans la rigueur mathématique du mot, ils le sont du moins avec une approximation qui surpasse énormément celle de nos moyens d'observation et qui prévient toute erreur appréciable dans les calculs.

Cette continuité, loi générale du monde physique, avait été reconnue par les savants et les philosophes de l'antiquité. Bien avant qu'elle eût été démontrée à l'aide de procédés exacts, l'adage : *Natura non facit saltum,* « la Nature ne fait pas de saut brusque », était proclamé comme un axiome. Cette croyance fortement enracinée n'a pas dû être étrangère à la direction donnée par Leibnitz à des spéculations qui s'inspiraient surtout du principe de la continuité.

La reconnaissance d'un tel principe précédant dans l'histoire de l'humanité les enseignements de la Science, s'explique assez facilement. Il répond, en effet, à une disposition naturelle de notre esprit, contre laquelle nous aurions beaucoup de peine à lutter. En toute conjoncture, qu'il s'agisse d'un mouvement, d'un changement d'état, de forme, de température, nous sommes portés à attribuer l'effet produit à la combinaison de deux facteurs : une certaine puissance et le temps. Aucun de ces deux facteurs ne nous semble pouvoir être supprimé. Pour que la durée fût infiniment petite, il faudrait que la puissance fût infiniment grande. Or, dans le domaine physique, nous n'admettons pas de force infinie; non seulement nous n'en admettons pas, mais nous n'en concevons pas. Dès lors tout changement constaté implique à nos yeux une certaine durée. Si autrefois l'expression d'instantané était couramment employée, elle avait sans doute, dans l'esprit des philosophes, un sens relatif : elle signifiait que la durée était très courte, qu'elle tombait au-dessous des moyens connus d'observation.

La nécessité d'une durée dans les phénomènes a dû faire soupçonner, préalablement aux indications de la Physique et de la Chimie, la discontinuité réelle des corps. Car il paraît impossible d'expliquer, sans discontinuité, un certain nombre de faits dont nous sommes journellement témoins. Lorsque deux corps animés de vitesses différentes viennent à se rencontrer, les modifications apportées aux vitesses, à raison de ce choc, exigent un certain temps, fort court à la vérité. Mais comment, pendant un temps même très court, les deux corps pourraient-ils rester au contact, s'ils étaient absolument invariables de forme, impénétrables l'un à l'autre? Évidemment en ce cas ils ne se toucheraient que pendant un instant indivisible, par suite insuffisant au changement de la vitesse. Ce changement réclame une pénétration mutuelle, une déformation durant laquelle les deux corps puissent continuer à se mouvoir dans des directions différentes, sans cesser néanmoins de s'impressionner. Le phénomène s'accomplit effectivement ainsi, et les corps se trouvent à la fin animés de vitesses souvent opposées à celles dont ils étaient doués au début.

Mais la pénétration implique une constitution intérieure qui permet aux particules matérielles de se rapprocher les unes des autres. Elles doivent donc, à l'état normal, être maintenues à distance au moyen de forces réciproques. Celles-ci assurent à la fois la permanence générale du corps et sa faculté de déformation. Elles agissent comme des ressorts qui tantôt restent comprimés ou brisés après le choc, et tantôt reprennent leurs dispositions primitives, suivant la nature de la substance. De toutes façons le corps doit être discontinu.

Cet exemple d'un raisonnement justifié après coup par l'expérience n'est pas le seul que l'histoire des Sciences ait eu à enregistrer. L'homme procède souvent ainsi : il hasarde sur la Nature des vues qui servent à guider ses observations ultérieures. Mais celles-ci prononcent toujours en dernier ressort. La raison est incapable par elle-même d'établir la vérité physique : elle fournit des probabilités plus ou moins grandes. L'erreur des anciens, perpétuée jusqu'aux temps modernes, a été de croire que la Métaphysique pouvait suppléer à l'étude de la Nature, tandis qu'elle se borne à projeter des lueurs sur les sentiers qui conduisent à la découverte de ses lois. Toutefois d'aussi heureuses rencontres (dont j'aurai de nouveau l'occasion de parler) entre l'intelligence humaine et le monde extérieur, ne laissent pas le philosophe indifférent. Elles font naître la pensée d'un plan général auquel l'une et l'autre seraient également soumis, et qui se manifesterait de temps en temps à nos regards par des traits que le hasard ne saurait expliquer.

En résumé, l'Analyse infinitésimale, conçue

d'abord pour les besoins de la Géométrie et s'adaptant rigoureusement aux quantités douées de la continuité parfaite, a pu être ensuite étendue aux quantités physiques. La condition d'une généralisation aussi avantageuse se trouve dans le très faible écart qui existe entre l'idéal de continuité, représenté par l'espace et le temps, et les réalités matérielles plus ou moins discontinues dont nous sommes environnés. Le degré de cet écart est la mesure du degré d'exactitude que nous pouvons espérer dans les résultats.

Une multitude d'objets, notamment ceux qui relèvent de la Physique mathématique, se prêtent avec une approximation presque indéfinie à l'application d'une telle méthode de calcul. De là les développements remarquables reçus depuis un siècle par cette branche de la Science. Les bornes ne paraissent pas sur le point d'être atteintes; car les expériences de plus en plus précises, instituées par les physiciens et les chimistes, fourniront d'abondants matériaux sur lesquels la haute Analyse pourra s'exercer avec un succès croissant.

Parmi les Sciences, déjà formées ou en voie de formation, tributaires des méthodes infinitésimales, il en est une qui restera toujours au premier rang par la rigueur de ses déductions : c'est la Mécanique céleste. Les corps considérés n'y varient pas de figure ni de grandeur, du moins pendant les périodes historiques. Les actions réciproques qui s'exercent sur eux dépendent uniquement de leurs distances. Les divers éléments du phénomène dynamique sont donc des fonctions de l'espace et du temps, et jouissent de la continuité géométrique. L'Analyse infinitésimale peut être dès lors employée avec la même sécurité que dans les questions d'ordre purement mathématique. Les causes d'inexactitude résident exclusivement dans l'omission éventuelle de certains éléments réels ou dans les erreurs qui peuvent se glisser au cours de calculs aussi prodigieux. Mais elles ne proviennent en aucun cas de l'hypothèse fondamentale qui, sous le rapport de la continuité, assimile ces quantités aux grandeurs abstraites de la Géométrie et de l'Algèbre. La Mécanique céleste gardera donc sur toutes les autres branches de la Physique mathématique une supériorité indiscutable.

II.

MÉCANIQUE.

CHAPITRE I.

LA FORCE ET LA MASSE.

De même que l'espace et le temps sont à la base des Sciences mathématiques, de même la force et la masse sont les éléments primordiaux des Sciences physiques, et spécialement de la Mécanique envisagée dans sa plus grande généralité. Il n'y a pas de question de Dynamique, si compliquée qu'elle soit, qui ne se réduise en définitive à l'évaluation d'un rapport entre la force et la masse.

La notion de force est aussi ancienne que l'humanité. Dès son entrée dans la vie, et par sa lutte contre la Nature, l'homme acquiert le sentiment des efforts qu'il est obligé de faire pour attirer à lui les corps ou pour les repousser, pour les transporter d'un lieu dans un autre et pour leur imprimer de la vitesse.

Les corps sur lesquels nous avons occasion d'agir se trouvent dans des conditions diverses, et le résultat de nos efforts s'en ressent nécessairement.

Dans un cas, le plus fréquent, ils sont retenus par des obstacles. Pour les déplacer, il faut commencer par vaincre certaines résistances extérieures. Il faut, par exemple, surmonter le frottement contre d'autres corps, neutraliser la pesanteur sur une pente plus ou moins inclinée, refouler un liquide, un gaz, etc. Les corps n'entrent alors en mouvement que si l'effort arrive à dépasser un certain degré d'intensité, celui précisément qui correspond à la résistance développée par l'ensemble des obstacles. Ce degré franchi, le mouvement a lieu. Mais comment a-t-il lieu? dans quelle relation est-il avec l'effort ou, plus correctement, avec le *surcroît* d'effort exercé?

Ne nous arrêtons pas à la période préliminaire, sans intérêt pour la question; supposons tout de suite les résistances vaincues et considérons un corps désormais entièrement libre. Imaginons qu'il puisse rouler sur un plan horizontal, soigneusement poli, ou, mieux encore, qu'il soit suspendu dans le vide à l'extrémité d'un fil très délié. Agissons sur lui en cet état. Qu'observons-nous? Nous observons ceci, qui est capital : *Le moindre effort produit un mouvement.* Il n'y a pas si petite impulsion qui n'écarte le corps de sa position; il est absolument mobile. La résistance au mouvement, qu'on rencontrait dans la période préliminaire et qu'on aurait pu être tenté de lui attribuer, ne tenait pas à lui, mais aux influences extérieures. Par lui-même le corps ne résiste pas, il est incapable de résister.

La *mobilité*, la mobilité parfaite, absolue, telle est la propriété fondamentale des corps, et celle qui intéresse essentiellement le géomètre. C'est par la mobilité qu'il fait connaissance avec eux, qu'il les pénètre en quelque sorte. Qu'induirions-nous, en effet, d'un corps qui résisterait à toute tentative de mouvement? Nous constaterions qu'il est un obstacle; mais qu'y a-t-il derrière cet obstacle, au delà de cette surface contre laquelle notre effort s'exerce en vain? Le corps est-il plus ou moins lourd, est-il vide, est-il plein? Nous l'ignorons. Le doute cesse et notre sentiment se fixe si le corps cède librement, si nous sentons son mouvement varier au gré de notre action. Car, hâtons-nous de le dire, la mobilité du corps n'est pas l'indifférence. Il n'obéit pas pareillement à toutes les impulsions. Il se meut plus vite sous une impulsion plus énergique, et plus lentement sous une impulsion plus faible. En même temps, nous observons que tous les corps sont loin de se comporter de la même manière sous le même effort. A volume égal, ils exigent, selon leur nature, des efforts inégaux pour prendre le même mouvement. Un décimètre cube de plomb exige plus d'effort qu'un décimètre cube de bois ou de verre. Quand ils sont de même nature, ils réclament des efforts proportionnés à leur volume.

De ce phénomène élémentaire surgissent deux notions parallèles d'une extrême importance. La première est celle d'efforts gradués, susceptibles d'effets correspondant à leur intensité. Nous concevons un effort double, triple, quadruple d'un premier effort choisi comme terme de comparaison ou comme unité. Si, par exemple, nous adoptons pour unité l'effort qui maintient un certain ressort bandé, l'effort qui maintiendra à la fois deux, trois ou quatre ressorts semblables constituera un effort double, triple ou quadruple du précédent; et nous savons que ces efforts produiront des effets mécaniques très différents. D'autre part, nous avons constaté que les corps, suivant leur nature ou leur volume, réclament des efforts inégaux pour prendre le même mouvement. Cette propriété, en vertu de laquelle un corps exige un certain effort ou une certaine impulsion pour acquérir un mouvement déterminé, est ce qu'on appelle sa *masse*. Comme conséquence, deux corps, quelles que soient leur nature et leurs dimensions, ont la même masse quand ils reçoivent le même mouvement d'un même effort.

Les masses des corps sont donc l'expression de leur mobilité respective, ou, pour parler plus exactement, elles varient en raison inverse de leur mobilité. Une masse double ou qui exige un effort double pour prendre le même mouvement possède une mobilité moitié moindre. A une très grande masse correspond une très faible mobilité. De toute façon l'idée de masse est liée à celle de mobilité; il n'y a pas de masse sans mobilité, et *vice versa*. Jamais la masse, si énorme qu'elle soit, n'éveille l'idée de résistance. La résistance n'est jamais dans le corps, elle est, répétons-le, *hors du corps*. Si la masse appelle un effort, ce n'est pas pour lui résister, c'est pour lui céder, c'est pour acquérir un mouvement en correspondance avec lui.

Mais il ne suffit pas d'avoir la notion claire de la masse. Il faut aller plus loin. Pour les besoins de la Dynamique, il est nécessaire de savoir *chiffrer* les masses, de les évaluer au moyen de l'une d'elles, en un mot de les rendre nettement comparables, en faisant abstraction de toutes les qualités physiques ou chimiques qui distinguent les corps entre eux. Vis-à-vis du géomètre, les corps ne diffèrent les uns des autres que par leur masse, par leur aptitude à recevoir le mouvement.

Pour arriver à ce classement spécial, il convient tout d'abord d'écarter l'idée un peu étroite d'effort, qui rappelle une origine personnelle, humaine. Au fond, la question d'origine n'importe pas au mathématicien. L'intensité de l'action, sa direction l'intéressent seules. Que l'impulsion soit donnée par la main de l'homme, par la traction d'un animal, par la pression de l'air ou de la vapeur, par un poids, un aimant, etc., le résultat est toujours le même. Pourvu que l'intensité soit égale, le corps impressionné prendra un mouvement identique. C'est ainsi que l'idée générale de *force* se substitue dans la Science à l'idée particulière d'effort, et que toutes les forces deviennent assimilables entre elles en dépit de leur origine, qui n'occupe plus l'attention.

Je parle d'intensité. Mais un autre élément est à considérer : la durée. Pour définir l'action d'une force, il faut spécifier le temps pendant lequel elle s'exerce. Car à mesure que le temps se prolonge, l'effet produit ou le mouvement communiqué est plus considérable. Il est donc sous-entendu, quand on compare des forces, qu'elles agissent pendant le même temps. Peu importe d'ailleurs la grandeur intrinsèque de ce temps; il suffit qu'elle soit la même dans toutes les expériences.

La comparaison des masses est dès lors facile à concevoir. Pour la réaliser, on peut imaginer un ressort bandé, dont la détente produit une certaine impulsion; puis juxtaposer deux, trois ressorts semblables, de façon à produire une impulsion double, triple. On pourrait imaginer aussi l'explosion, dans un tube, d'une certaine quantité de poudre, et puis l'explosion d'une quantité double, triple : la poussée du gaz sur le piston produirait des impulsions représentées par un, deux, trois. Par l'un de ces moyens ou par tout autre, des corps différents seront soumis à des impulsions différentes, graduées de manière que tous les corps prennent le même mouvement. Leurs masses se trouveront proportionnelles aux impulsions. Les rapports entre les masses égaleront les rapports entre les impulsions.

La comparaison des masses est ainsi ramenée à celle des forces. La masse d'un corps est désormais caractérisée par la grandeur de la force qui lui communique le mouvement convenu. Sa valeur, en chiffres, dépend à la fois de l'unité de force adoptée et de l'amplitude du mouvement convenu, pris aussi pour unité.

L'unité de force peut être choisie arbitrairement dans la Nature. Elle peut être l'effort nécessaire pour rompre un fil métallique d'une grosseur fixée; la pression, sur une surface, d'un gaz ou d'une vapeur portée à une certaine température; la détente d'un ressort construit dans des conditions définies; la force déployée pour maintenir soulevé un corps déterminé. Il faut prendre garde que certaines unités, comme la dernière, sont sujettes à varier suivant le lieu du globe où est faite l'expérience. D'autres, au contraire, comme les trois premières, ont partout la même valeur intrinsèque. Si l'on veut comparer les masses mesurées en un lieu avec les masses mesurées en un autre lieu, il sera indispensable, le cas échéant, de tenir compte de la variation subie par l'unité de force adoptée.

Le mouvement commun aux masses essayées, ou la grandeur de la vitesse communiquée, dont on convient de faire l'unité de longueur, peut également être choisi à volonté. Ce sera le mètre, la toise, le pied ou toute autre longueur préalablement fixée.

Ces unités étant arrêtées, l'unité de masse en dérive. L'expérience la fera connaître. Il faudra rechercher, à l'aide d'observations spéciales, quel est le corps qui, soumis à l'unité de force pendant l'unité de temps, prend une vitesse égale à l'unité de longueur.

Les physiciens ont constaté qu'en choisissant pour unité de force l'effort capable de maintenir soulevé un décimètre cube d'eau; pour unité de temps, la seconde astronomique; et pour unité de longueur, le mètre ou la quarante-millionième partie du méridien terrestre, le corps cherché est représenté par une quantité d'eau peu inférieure à 10 décimètres cubes, soit 9 litres 8088.... Ce nombre est habituellement désigné par la lettre *g*. Voilà l'unité de masse. Les masses de tous les autres corps seront exprimées par un certain nombre de fois cette unité.

L'unité de force ayant été empruntée aux phénomènes de la pesanteur et variant dès lors avec le lieu du globe, les chiffres des masses déterminées dans un lieu devront subir une correction pour être comparables avec les chiffres des masses déterminées dans un autre lieu. Nous laisserons de côté cette correction, qui vise uniquement l'unité de force et a pour but d'en compenser les inégalités éventuelles.

La grandeur d'une masse est partout identique. Qu'un corps soit sollicité par la même force, sur un point quelconque du globe, en France, en Amérique, au pôle, à l'équateur, il prendra constamment la même vitesse. Si, par exemple, on fait usage de la détente d'un ressort (ce qui supprime la correction relative à l'unité de force), cette détente, appliquée successivement en divers endroits, communiquera toujours une vitesse égale. Elle la communiquerait encore si l'on pouvait se transporter dans les profondeurs de la Terre ou à la surface de quelque autre planète. Cette vitesse est invariable. Elle découle d'une loi supérieure de la Nature. Elle exprime le rapport éternel qui existe entre une impulsion donnée et un corps déterminé. Rapport dont la raison nous est inconnue, comme nous est inconnue la raison du rapport qui existe entre une certaine quantité de chaleur et une certaine quantité de mouvement, entre une certaine élévation de température et l'accroissement de tension d'un gaz. La raison, le pourquoi de ces choses nous sera sans doute toujours caché. Nous ne pouvons que les constater et enregistrer les coefficients qui les expriment.

Mais ce qui est remarquable et ce qui assigne à la masse non pas une place exclusive — d'autres rapports peuvent se trouver dans le même cas — mais une place tout à fait éminente, c'est qu'elle est indépendante de toutes les circonstances susceptibles d'influer sur l'état du corps. Non seulement elle est indépendante de sa température, de sa condition électrique, de sa cohésion, de sa fluidité; mais elle est indépendante aussi de la pesanteur. L'expérience répétée sur divers points du globe montre que la masse n'est pas affectée par la latitude, c'est-à-dire par l'inégalité d'action du globe terrestre. Et comme l'action du globe terrestre est un cas particulier de l'attraction universelle, il s'ensuit que la masse est soustraite à cette condition générale de la matière. On peut concevoir une modification d'intensité de la gravité, sa disparition même (qui ferait succéder à l'ordre actuel un ordre absolument différent ou plutôt un chaos), mais il nous est interdit de concevoir la disparition de la masse. Dans ce bouleversement immense, suite d'une altération de la gravitation universelle, la masse demeurerait intacte. Le même ressort appliqué au même corps — si l'on avait pu le préserver de la désorganisation générale — continuerait de lui imprimer la même vitesse. Tous les phénomènes seraient modifiés; seul, le phénomène de la masse ne se modifierait pas.

Quand on réfléchit à la persistance, à l'indestructibilité de la masse, on se demande si ce n'est pas là cette propriété tant cherchée par les philosophes de l'antiquité, pour définir la matière. Faute de l'avoir clairement discernée, que de tentatives vaines ils ont faites! Que d'explications insuffisantes ont été proposées! Longtemps on a dit : « La matière est ce qui tombe sous les sens. » Mais les physiciens et les chimistes sont venus : ils ont montré une matière tellement ténue que nos sens n'en sont pas directement affectés et que sa présence ne nous est dénoncée que par des procédés d'une délicatesse inouïe. Le passage d'un rayon électrique peut seul nous déceler la matière dans le vide extraordinaire de M. Crookes. Ils nous ont entretenus aussi d'images, de lueurs, qui sont de vaines apparences, qui indiquent la matière là où elle n'est pas en réalité; de sorte que ce témoignage des sens, base et condition de la définition, est pris en flagrant délit d'erreur. On a voulu serrer la question en qualifiant la matière d'« étendue » et d'« impénétrable ». Mais l'espace est étendu et n'est pas matériel. Les gaz sont matériels et ne sont pas impénétrables. Les corps solides eux-mêmes se révèlent à nous comme des assemblages de particules pouvant être rapprochées les unes des autres par une compression suffisante. Ils ne sont donc impénétrables qu'en partie. Que signifie une propriété ainsi entendue? Faut-il alors la réserver uniquement aux atomes? Mais savons-nous si eux-mêmes sont impénétrables, et d'ailleurs comment pouvons-nous parler du témoignage des sens à propos de résidus qui, par leur extrême petitesse, échappent précisément à tous nos sens?

La Science moderne a introduit un point de vue nouveau. Désormais le grand tout, le *cosmos* comprend deux classes d'objets. Les uns répondent plus ou moins à l'idée instinctive que nous avons de la matière; ils tombent, sinon sous nos sens, du moins sous quelqu'un de nos moyens scientifiques d'observation; ils sont soumis à la gravitation universelle, ils sont *pesants*. Les autres échappent à nos moyens directs; ils ne se manifestent que par leurs effets; ils sont les agents ou les véhicules de ces grandes forces qui se partagent l'empire du monde : chaleur, lumière, électricité, gravitation, etc. Mais, tout en transmettant la gravitation, ils ne lui obéissent pas; ils sont *impondérables* ou le paraissent. On ne leur accorde pas la qualité de matière, réservée pour les premiers. La matière serait donc « tout ce qui pèse ».

Mais qui ne voit la différence profonde entre une propriété générale, même universelle, comme la pesanteur — sans laquelle pourtant la matière se peut encore concevoir — et une propriété, comme la masse, qui nous paraît véritablement inhérente à la matière, qui semble en être l'essence même? Si la gravitation cessait d'agir, nous n'estimerions pas pour cela que la matière a cessé d'être; elle subsisterait toujours, elle exigerait pour se mouvoir la même dose de force qu'auparavant. Elle conserverait la même masse. Sans pousser aussi loin l'hypothèse, les habitants des diverses planètes, s'ils existent, et s'ils cultivent comme nous la Physique mathématique, doivent se faire la même idée que nous sur le rôle de l'attraction universelle; mais ils en reçoivent des impressions bien différentes. Le litre d'eau leur paraît deux fois et un quart aussi lourd qu'à nous, à la surface de Jupiter; six fois moins lourd à la surface de la Lune; et, en admettant la possibilité d'une station sur le Soleil, vingt-sept fois plus lourd à la surface de ce globe énorme. Entre l'habitant de la Lune et celui du Soleil, la différence d'impression, quant au poids du litre d'eau, serait dans le rapport de 1 à 162. Cependant l'un et l'autre feraient usage du même ressort pour communiquer à ce litre d'eau le même mouvement. Le philosophe qui recueillerait ces impressions si diverses constaterait que le sentiment sur la masse est uniforme, absolu, tandis que le sentiment sur les effets de la pesanteur est variable et relatif (¹). La qualité de peser n'est donc pas comparable à celle d'avoir de la masse, et ne saurait au même degré servir de base à une définition de la matière.

Si j'avais à définir la matière, je dirais : « La matière est tout ce qui a de la masse, ou tout ce qui exige de la force pour acquérir du mouvement. »

Les idées de force et de masse sont corrélatives. Elles s'éclairent mutuellement. Quelle notion aurions-nous de l'action d'une force, de l'efficacité de notre effort personnel, si jamais nous n'avions employé cet effort à déplacer un corps? Sans doute en appuyant plus ou moins vivement sur un obstacle fixe, nous aurions le sentiment d'efforts variés; mais nous n'apercevrions pas le résultat de ces efforts, nous ignorerions les effets qu'ils sont capables de produire. Nous n'en prenons conscience que le jour où

(¹) Si un observateur pouvait être placé entre la Terre et la Lune, au point précis où les attractions exercées par ces deux astres s'équilibrent, les objets qu'il manierait seraient pour lui dépourvus de poids, et cependant, s'il voulait leur appliquer son ressort, il trouverait qu'ils prennent le même mouvement ou possèdent la même masse qu'à la surface de la Terre.

nous déplaçons un corps libre de nous obéir; et en déplaçant successivement divers corps, nous nous rendons compte de l'inégalité des efforts qu'ils exigent de nous. Du même coup, nous acquérons la notion de la masse, qui est la manière d'être différente des corps, par rapport à nous, par rapport à notre capacité de les mouvoir. Les deux notions sont inséparables. Chacune d'elles, isolée, est incomplète. Chacune appelle impérieusement l'autre, comme l'action appelle la réaction, comme la chaleur appelle la température, comme l'acide en Chimie appelle la base.

Quelques géomètres, et même des plus éminents, reprochent précisément à cette notion de la masse d'être liée à celle de la force; ils voudraient une définition directe, indépendante. « On appelle *masse* d'un corps, dit Poisson, la quantité de matière dont il est composé (1). » Mais que doit-on entendre par « quantité de matière »? Nous nous faisons une juste idée des quantités *relatives* de matière contenues dans des corps de même nature. Nous comprenons sans peine que deux litres d'eau contiennent

---

(1) *Traité de Mécanique*, Introduction.

deux fois autant de matière qu'un seul, et que cinq litres de mercure contiennent cinq fois autant de matière qu'un seul. D'une façon générale, les quantités contenues dans des corps de même nature sont proportionnelles à leurs volumes. Mais comment effectuer la comparaison, si les corps sont de nature différente? Quel rapport peut-il y avoir entre la quantité de matière contenue dans un décimètre cube d'eau et la quantité de matière contenue dans un décimètre cube de mercure, dans un décimètre cube de plomb ou un décimètre cube de platine? Nous savons une seule chose : le litre d'eau est plus facile à mouvoir que le litre de mercure, il exige moins de force. Or cela, c'est la relation même entre la force et la masse. Il faut donc en revenir à l'expérience préalable qui l'établit, c'est-à-dire à la définition précédente.

Pour tourner la difficulté, les mêmes géomètres imaginent un « point matériel », semblable dans tous les corps, et les quantités de matière sont définies par les nombres de ces points fictifs que les corps, de l'espèce la plus différente, sont censés contenir. « Un point matériel, dit Poisson, est un corps infiniment petit dans toutes ses dimensions.... On peut regarder un corps de dimensions finies comme un assemblage d'une infinité de points matériels, et sa masse comme la somme de toutes leurs masses infiniment petites. » — « La masse d'un corps, dit Laplace, est la somme de ses points matériels.... La densité d'un corps dépend du nombre de ses points matériels renfermés sous un volume donné (1). » Mais ce procédé ne fait pas disparaître l'objection. On est toujours en droit de demander : Qu'est-ce que la masse d'un point matériel? Et pourquoi y a-t-il plus de points matériels dans un litre de mercure que dans un litre d'eau? La question reste sans réponse.

Il est licite, au point de vue géométrique, d'imaginer un corps d'assez petites dimensions pour que la différence des trajectoires de ses diverses parties puisse être négligée. Rien n'interdit d'appeler un tel corps « point matériel ». Mais cette appellation ne doit pas franchir le domaine mathématique, l'abstrait. Elle est sans portée sur le réel. Dans le monde physique, il n'y a que des corps finis, et des atomes ou élé-

---

(1) *Exposition du Système du Monde*, 6e édition, p. 173 et 175.

ments primordiaux dont nous ignorons absolument les masses et les dimensions. Nous sommes incapables de dire — jusqu'à présent du moins — si l'élément primordial d'un corps est plus ou moins dense que l'élément primordial d'un autre corps. Nous savons uniquement, pour l'avoir directement constaté, que des volumes très réduits de plomb et de platine exigent des forces inégales pour prendre le même mouvement, et ont par conséquent des masses différentes (1).

Pendant les premiers temps où fut constituée la Mécanique rationnelle, il y eut une tendance fort concevable à restreindre le plus possible les emprunts faits à l'expérience. On voulait donner à cette Science un aspect systématique et un caractère logique, comparables à ceux de la Géométrie, où les données physiques sont en effet peu nombreuses et passent même parfois inaperçues. Nous en retrouvons encore aujourd'hui la marque dans la constitution hypothétique, attribuée aux corps solides; il en résulte des erreurs

---

(1) La définition de la masse par le nombre des *points matériels* ne serait légitime que si la Chimie parvenait à démontrer que la nature de tous les corps est identique et qu'il n'y a que des groupements d'un seul et même atome.

fâcheuses au cours d'importantes propositions, notamment dans la théorie du choc. Le progrès des Sciences naturelles tend à modifier ce point de vue et dispose les esprits à considérer désormais la Mécanique, même dans sa partie rationnelle, comme essentiellement fondée sur l'observation.

La méthode déductive, souveraine dans les Mathématiques pures, n'est féconde en Mécanique qu'à la condition de s'appliquer à des éléments réels, fournis par le monde extérieur. Sinon elle conduit à des résultats qui concernent non le monde tel qu'il est, mais tel qu'il nous plaît de l'imaginer. L'abstraction permise doit porter uniquement sur les qualités et les circonstances étrangères au problème dynamique proprement dit. Dans un corps isolé, nous pouvons et nous devons négliger la couleur, la température, les affinités chimiques, parce qu'elles sont sans influence sur le mouvement. Mais nous retenons l'inertie ou la mobilité, la masse, le mode de composition des forces. Si plusieurs corps sont en présence, nous retenons encore d'autres propriétés, négligeables dans un corps isolé : la réaction, l'élasticité et, en cas de choc ou de frottement, la convertibilité du mouvement en chaleur.

Dès lors, il ne devrait pas être loisible d'envisager des masses abstraites et des corps solides de forme invariable. Il n'est pas moins illogique de repousser la notion directe de force, sous prétexte qu'elle est puisée dans le sentiment de notre effort personnel, c'est-à-dire dans l'observation de la Nature. Pourquoi ne pas repousser aussi les couleurs du spectre solaire, parce que c'est notre œil qui les voit? En définissant la force « le produit de la masse par la vitesse », comme le voudraient certains auteurs, en donnerait-on une idée bien nette à l'homme qui n'aurait jamais essayé sa force musculaire? Autant les Mathématiques pures aspirent à s'élever dans la région de l'abstrait, autant les Sciences physiques, dont la Mécanique est la première, doivent plonger leurs racines dans le concret, sous peine de manquer de base et de s'épuiser bientôt en spéculations chimériques.

CHAPITRE II.

CAPACITÉS DYNAMIQUES. — LA PESANTEUR.

La propriété de la masse s'éclaire d'un jour plus vif quand on l'observe dans des corps homogènes, de nature différente, ayant même volume. Les inégalités de masse remarquées entre eux tiennent alors uniquement aux variétés de matière qui les composent. L'expérimentateur, muni du ressort dont nous avons fait usage, peut constater que si le décimètre cube d'eau exige une force égale à un pour acquérir une vitesse de 10 mètres environ (c'est-à-dire $9^{m},8088...$) au bout d'une seconde, le décimètre cube de plomb exigera une force égale à onze et demi, pour acquérir la même vitesse; le décimètre cube de mercure exigera une force égale à treize et demi; le décimètre cube de platine exigera vingt et un et demi, etc. Chaque corps, suivant sa nature, réclamera, sous le même volume, une force différente.

Il serait téméraire de conclure, je l'ai dit, que ces décimètres cubes contiennent plus ou moins de matière. Il se peut que le nombre des éléments indivisibles de l'eau soit le même que le nombre des éléments indivisibles du plomb, du mercure ou du platine, et que chacun de ces éléments ait un égal volume. Il se peut aussi que le nombre des éléments diffère, mais que leur volume diffère en sens inverse, de telle sorte que le volume absolu de la *matière eau*, contenue dans un décimètre cube, soit égal au volume absolu de la *matière plomb, mercure* ou *platine*. Dans ces conditions, comment prétendrait-on que la quantité de matière de l'un est supérieure à la quantité de matière de l'autre? La seule affirmation légitime, c'est que la matière eau ne se comporte pas, à l'égard des forces, comme la matière plomb, mercure ou platine. En d'autres termes, l'eau, le plomb, le mercure et les divers corps, sous le même volume, absorbent des quantités différentes de force ou d'impulsion pour prendre le même mouvement.

C'est un phénomène analogue à celui qu'on relève en Physique, au sujet de l'échauffement des corps. Ceux-ci, soit qu'on les compare sous le même volume, soit qu'on les compare sous le même poids, n'absorbent pas la même quantité de chaleur pour acquérir la même élévation de température. Ils n'ont pas, selon le terme usité, la même capacité calorifique. De même, au regard du mouvement, ils n'ont pas la même *capacité dynamique* (1).

Il est possible de dresser, pour les différentes espèces de corps homogènes, une échelle des capacités dynamiques, semblable à celle des capacités calorifiques. Les chiffres des deux tableaux n'ont pas d'ailleurs de correspondance entre eux, et il ne faut pas s'en étonner; car nous n'apercevons pas un lien nécessaire entre les vibrations calorifiques ou le phénomène quelconque désigné sous ce nom, et le plus ou moins de facilité qu'on trouve à déplacer les corps. Nous observons même les plus grandes divergences de valeur, les corps de faible capacité dynamique ayant souvent les plus fortes capacités calorifiques. Le plomb, comparé à l'eau, sous le même volume, possède une capacité dynamique de onze et demi, et une capacité calo-

(1) C'est le terme que j'ai proposé dans un Mémoire lu, à l'Académie des Sciences, le 14 novembre 1887.

rifique à peine supérieure à un tiers. Le mercure possède une capacité dynamique de treize et demi, et une capacité calorifique inférieure à un demi ([1]).

Les expériences faites en divers lieux du globe, et suivant diverses directions dans le même lieu, montrent que la même impulsion communique toujours au même corps le même mouvement. Cependant, chaque fois le corps s'offre dans des conditions différentes. La vitesse dont il est animé, par suite de la rotation du globe, diminue à mesure qu'on s'éloigne de l'équateur; en outre, elle se combine fort inégalement avec la vitesse procurée par l'impulsion, selon que celle-ci est dirigée dans le sens du méridien ou selon qu'elle est dirigée dans un sens perpendiculaire. Ces circonstances n'ayant pas d'influence sur la vitesse due à l'impulsion ou sur la vitesse observée, on peut dire dès lors que *la capacité dynamique des corps est constante*, ou qu'elle est indépendante de leur état de repos ou de mouvement.

Les capacités calorifiques suivent un tout

([1]) Dans ces exemples et les précédents les chiffres sont arrondis.

autre régime. La capacité d'un corps n'est pas indépendante de son état thermique. Sauf chez les gaz qualifiés de parfaits ou fort éloignés de leur point de liquéfaction, la capacité calorifique se modifie quand on opère dans des limites de température assez larges et qu'on approche du changement d'état des corps, ou de leur passage de l'état solide à l'état soit liquide, soit gazeux. En Mécanique rien de pareil ne justifierait la modification de la capacité dynamique. Il n'y a pas de « changement d'état ». Les plus grandes vitesses relevées ne paraissent produire aucune altération dans les conditions physiques et chimiques des corps. Ils se comportent, à ce point de vue, comme les gaz parfaits au point de vue calorifique.

La mobilité des corps, sous le même volume, est en raison inverse de leur capacité dynamique. Si la mobilité de l'eau est prise pour unité, la mobilité d'un corps quelconque sera représentée par le rapport de 1 au chiffre de sa capacité dynamique. L'échelle ainsi obtenue présente avec celle des capacités calorifiques moins de disparates que l'échelle des capacités dynamiques. Mais ce sont là de simples rapprochements arithmétiques.

La détermination directe des masses, à l'aide d'appareils mécaniques, est fort simple en théorie. Mais, dans la pratique, elle ne laisse pas de rencontrer de sérieuses difficultés. Dès qu'il s'agit surtout de corps volumineux, le procédé devient à peu près inapplicable.

A la rigueur, pour la détermination des capacités dynamiques, on peut s'en tenir à des volumes très faibles, car les résultats de la comparaison sont indépendants du volume absolu. Une fois ces capacités fixées, les masses des corps proposés s'en déduisent en multipliant le chiffre de la capacité par le volume du corps. Mais cette méthode ne convient qu'à des corps parfaitement homogènes. La moindre trace d'hétérogénéité supprime toute exactitude. Aussi, dans la plupart des cas, l'emploi d'appareils, du genre de ceux auxquels j'ai fait allusion, n'offre pas de ressources suffisantes.

Heureusement, la Nature fournit un moyen aussi expéditif qu'inattendu de tourner l'obstacle. Les physiciens ont constaté que tous les corps, d'espèce quelconque, depuis le plus fin duvet jusqu'au bloc de plomb ou de platine, tombent dans le vide avec une égale rapidité. Si on les précipite à la fois de la même hauteur, ils arrivent au bas de la chute au même moment. Ces corps sont donc tous sollicités, pendant leur descente, par des forces exactement proportionnelles à leurs masses respectives; puisque, par définition, les masses sont proportionnelles aux forces qui leur impriment le même mouvement dans le même temps. Or ici les forces appliquées aux corps résultent de l'attraction terrestre, c'est-à-dire constituent, pour chacun d'eux, son propre poids. Les poids des corps sont donc rigoureusement proportionnels à leurs masses et peuvent ainsi leur servir de mesure. En d'autres termes, au lieu de mouvoir les corps, pour en évaluer la masse, il suffit de les *peser*.

Ce fait expérimental est connu depuis longtemps. Il nous est devenu tellement familier que nous finissons presque par confondre la masse avec le poids. Ces deux propriétés nous semblent indissolublement liées l'une à l'autre. Cependant, si l'on y regarde, une telle coïncidence est bien l'événement le plus extraordinaire et le moins prévu que pût nous révéler l'étude de la Nature. Quel rapport, en effet, imaginer *a priori* entre la masse et le poids? La masse, c'est le plus ou moins d'effort que réclame un corps pour un même déplacement. Le poids, c'est le plus ou moins d'attraction exercée sur lui par le globe terrestre. Quel lien y a-t-il entre ces deux ordres de faits? Qu'est-ce qui empêcherait qu'un corps très facile à mouvoir fût en même temps puissamment attiré? Ne voyons-nous pas pareille opposition se manifester dans une foule de circonstances? Par exemple, les corps les plus lourds ne sont-ils pas en général les plus aisément échauffables? Et le fer, plus léger que le platine, n'est-il pas beaucoup plus attiré que ce dernier par un aimant? La force de cohésion, l'affinité chimique sont-elles en raison des masses en présence? Ne varient-elles pas énormément selon la nature des substances? Jusqu'ici aucune série de phénomènes ne s'est montrée en exacte concordance avec les masses et avec les masses seules. La proportionnalité rigoureuse, mathématique, exclusive, n'a été observée que dans le phénomène de la gravitation universelle.

La loi de la gravitation, formulée par Newton, porte sur deux points : la proportionnalité de la force aux masses, et son décroissement en raison inverse du carré de la distance. Cette dernière condition pouvait se préjuger, car difficilement les forces rayonnantes propageraient leur action suivant un autre mode. Mais le rapport direct des forces aux masses, rien ne devait le faire présumer. Il faut toute l'habitude que nous en avons prise, soit par la connaissance des lois astronomiques, soit par le maniement journalier des corps, pour que nous l'enregistrions sans un sentiment de surprise et d'admiration.

Plus on médite sur les effets de la gravitation universelle, moins on s'explique sa proportionnalité aux masses. Si la gravitation procédait de la matière elle-même, en était pour ainsi dire une émanation directe, on comprendrait jusqu'à un certain point qu'elle fût proportionnée à la masse. Mais alors, elle devrait, semble-t-il, s'affaiblir peu à peu avec le temps, comme les radiations calorifiques et lumineuses qui s'éteignent progressivement. Dans les corps de petites dimensions elle devrait même avoir disparu. Or les astronomes ne constatent, depuis les temps historiques, aucune diminution de la gravitation dans les astres de volume réduit, comme la Lune, dont les radiations calorifiques sont devenues à peu près nulles. Si, au contraire, la gravitation résulte de quelque action extérieure aux corps, qui les pousserait les uns vers les autres à la manière d'un fluide dans lequel se trouveraient plongés, elle devrait être sen blement proportionnelle à la surface des cor ou à leur volume, si l'on suppose le fluide as subtil pour pénétrer dans toute leur profonde Mais elle ne serait pas, dans cette hypothèse, rapport avec la masse. De toutes façons, le m tère de la proportionnalité reste inexpliqué.

Les poids des corps, à la surface du glo étant proportionnels à leurs masses, et la pes teur variant d'un lieu à un autre, tandis que masses ne varient pas, il s'ensuit que, selon latitude, les mêmes masses sont sollicitées des forces différentes. Par conséquent les tesses acquises au bout du même temps, dans mouvement de chute vers le sol, changent a la latitude. C'est à l'aide des modifications cette vitesse que les physiciens mesurent ave plus d'exactitude les variations de la pesante Celles-ci pourraient d'ailleurs être mises évidence par le degré de tension d'un ress suffisamment délicat auquel un poids dem rerait suspendu.

De même que nous avons comparé les mas des corps homogènes, sous l'unité de volume, que nous en avons déduit les capacités dynamiques; de même on compare les poids, sous l'unité de volume, et l'on en déduit les *densités*. Ce mot, dans le langage ordinaire, réveille l'idée d'une matière plus ou moins serrée, plus ou moins compacte. Il faut se garder de semblables images qui faussent la vue des choses. L'inégalité de capacité dynamique indique seulement une inégalité dans la mobilité, mais ne préjuge rien quant à la quantité absolue de matière. L'inégalité de densité ne préjuge pas davantage une inégalité de compacité; car deux corps fort inégalement denses peuvent opposer la même résistance à la compression. L'inégalité de densité indique simplement une inégalité dans l'attraction exercée par le globe terrestre.

Si l'on prend pour unité de densité le même corps dont la masse serait prise pour unité de masse, alors les chiffres exprimant les densités des divers corps seront identiques aux chiffres exprimant leurs capacités dynamiques, puisque les poids sont proportionnels aux masses. Si, par exemple, le décimètre cube d'eau était choisi comme terme de comparaison à la fois pour les poids et pour les masses, les capacités et les densités auraient les mêmes valeurs numériques.

Mais il n'a pas été possible de procéder ainsi. La masse qui, sous l'action d'une force égale à un kilogramme, contracte, au bout de l'unité de temps, une vitesse égale à un mètre, n'est pas la masse d'un décimètre cube d'eau; mais bien la masse de près de dix décimètres cubes d'eau. En d'autres termes, un corps tombant librement dans le vide acquiert une vitesse environ dix fois trop grande pour que sa masse puisse servir d'unité, quand son propre poids a déjà été choisi comme unité de poids. Ce double choix ne serait permis que si l'unité de longueur adoptée était près de dix fois plus grande. Il faudrait donc, pour atteindre le but, prendre comme unité de longueur, non le mètre actuel, mais la vitesse acquise par un corps tombant librement dans le vide pendant une seconde. Le mètre ainsi fixé serait égal à 9,8088... fois le mètre actuel, et le nouveau décimètre remplacerait celui-ci presque exactement.

Les avantages qu'eût présentés une semblable combinaison sautent aux yeux. Le décimètre cube d'eau aurait fourni à la fois l'unité de poids et l'unité de masse, tandis que sa matière même servait de terme de comparaison aux densités et aux capacités dynamiques. Dans toutes les formules, on eût évité la répétition fastidieuse du nombre *g* ou 9,8088.... Enfin si, à un moment, on voulait vérifier l'unité de longueur, il était plus facile de faire une expérience avec le pendule à Paris que de mesurer à nouveau le méridien terrestre. Mais il serait oiseux d'insister : la question est aujourd'hui tranchée définitivement par l'adoption du mètre géographique français, qui tend à devenir l'unité de longueur des nations civilisées.

En résumé, les unités qui ont prévalu sont, avec le mètre :

La seconde astronomique ou 86 400^{ieme} partie du jour moyen;

Le kilogramme ou poids du litre d'eau, servant à la fois d'unité de poids et d'unité de force;

Et la masse de *g* décimètres cubes d'eau.

Cette dernière unité n'était pas arbitraire ou fixée *a priori*, comme les autres; mais elle a été imposée par la condition — résultant d'une loi naturelle — que, soumise à une force de 1 kilogramme, pendant une seconde, elle acquiert une vitesse égale à 1 mètre.

CHAPITRE III.

DU PROBLÈME DYNAMIQUE.

Tout problème dynamique peut se ramener à ces termes simples :

« L'expérience ayant appris qu'une force de 1 kilogramme communique à une masse de g décimètres cubes d'eau, au bout d'une seconde, une vitesse égale à 1 mètre, quelle vitesse communiquera une force d'un nombre quelconque de kilogrammes, agissant pendant un temps quelconque sur une masse d'un nombre quelconque de décimètres cubes d'eau? »

Ce problème pourra se compliquer, et il se complique, en effet, par suite de ce que l'on considère, au lieu d'une force constante, une force variable en grandeur et en direction, ou même plusieurs forces agissant à la fois sur un corps, ou enfin des forces agissant sur plusieurs corps reliés entre eux de diverses manières. Mais au fond la question n'est pas changée.

Soit pour ramener le problème complexe à des termes simples, soit pour résoudre le problème simple lui-même, il est nécessaire de recourir à l'expérience. Elle seule peut nous faire connaître : 1° comment une force constante unique agit sur un corps, lorsque l'intensité, la masse et le temps cessent d'être égaux à l'unité; 2° comment plusieurs forces combinent leur action sur un corps ou sur un système de corps.

L'expérience a donc, outre le fait initial qui relie entre elles les diverses unités, à déterminer certaines lois grâce auxquelles nous puissions passer du fait initial au problème simple formulé plus haut, ainsi que ramener le problème composé à des termes simples.

Le problème dynamique, dans sa généralité, consiste, on le voit, à passer de la connaissance des forces et des masses à celle du mouvement. Il a reçu le nom de *direct*. Mais il a son *inverse*, qui est celui-ci : « Les masses et leurs mouvements étant connus, déduire les forces. » Les mêmes lois expérimentales serviront à résoudre ce dernier.

La question « inverse » se pose dans l'étude des phénomènes de l'Univers. Quand nous promenons nos regards autour de nous, nous apercevons de la matière en mouvement; nous ignorons le plus souvent les forces qui la meuvent. Lorsque Newton procéda à la découverte de la gravitation universelle, il avait devant lui les mouvements des planètes et de leurs satellites, et de ces mouvements il déduisait la force. Galilée, quand il étudiait la chute des corps graves; Cavendish, quand il voulait mesurer l'attraction de la Terre, avaient aussi sous leurs yeux certains mouvements.

Dans le domaine des arts et de l'industrie, nous avons à résoudre habituellement la question « directe ». Nous disposons de forces, chute d'eau, vapeur, électricité, etc., et nous calculons les mouvements que nous pourrons obtenir au moyen de leur emploi. Le problème direct est donc, pour ainsi parler, du domaine de la pratique, et le problème inverse du domaine de la théorie. Bien entendu, cette règle n'est pas sans exception.

Les deux questions offrent entre elles une différence fondamentale, dont l'importance philosophique ne saurait échapper.

Le problème direct est essentiellement *déterminé*. Il ne comporte qu'une solution. La masse d'un corps étant donnée ainsi que les forces qui agissent sur lui, le mouvement en résulte nécessairement. On ne comprendrait pas que l'effet à produire demeurât dans l'indécision et que la même cause, dans les mêmes conditions, s'exerçât de façons multiples.

Le second problème au contraire est *indéterminé*. Il peut comporter un grand nombre et même une infinité de solutions. Tout d'abord, il n'aboutit pas la plupart du temps à des réalités certaines, mais à des causes plus ou moins hypothétiques. La solution est *subjective* plutôt qu'*objective*. Nous assistons à des mouvements, sans pouvoir en assigner les causes véritables. Alors nous imaginons des forces, analogues à nos efforts personnels, et qui seraient susceptibles de produire ces mêmes mouvements. Nous tenons le problème pour résolu quand nous sommes parvenus à chiffrer ces forces fictives, par comparaison avec l'unité qui nous est familière, et à en fixer la direction. En ce qui concerne la gravitation, dont la vraie nature nous est cachée, nous nous la représentons volontiers à la manière d'un effort agissant pour tirer ou pousser les astres les uns vers les autres. Notre esprit, à défaut d'une connaissance plus complète, éprouve une vive satisfaction à exprimer le phénomène sous cette forme simple qui nous paraît le mieux cadrer avec les faits. Tel fut le sentiment des contemporains de Newton, quand ils saluèrent sa mémorable découverte. Bien que ce grand homme eût eu le soin d'avertir qu'il ne préjugeait rien quant à la cause réelle de la gravité, personne n'hésita à considérer sa formule mathématique comme l'expression de la plus belle loi de l'Univers.

Le problème inverse a donc ordinairement pour but, non d'assigner les forces véritables, mais d'évaluer les forces fictives ou théoriques qui pourraient engendrer les mouvements observés. A ce point de vue déjà la solution est indéterminée, puisqu'elle n'est pas emprisonnée dans une réalité précise. Mais elle est indéterminée, bien davantage, à un autre titre.

En effet, une foule de systèmes de forces peuvent répondre à la question. Assurément deux forces différentes ne peuvent pas individuellement solliciter un corps d'une manière identique. Mais plusieurs forces peuvent se combiner sur un corps, et à plus forte raison sur un ensemble de corps reliés entre eux, de façon à produire le même effet que produiraient d'autres forces, différentes des premières, venant se combiner à leur tour. Par exemple, sur un point matériel plusieurs forces ont une résultante, et celle-ci est susceptible de produire le même effet que la collection des forces données. Autour de cette résultante, on peut concevoir autant de systèmes de composantes qu'on voudra, tous également capables de communiquer le même mouvement.

On serait donc condamné à une perpétuelle incertitude, si les recherches n'arrivaient pas à se circonscrire, grâce à cette disposition de notre esprit qui nous fait poursuivre, en toute occurrence, la solution la plus simple possible. Là où une seule force pourrait suffire, nous n'en imaginons volontiers pas deux; là où deux forces suffiraient, nous n'en imaginons pas trois. Dès lors, en présence d'un mouvement, nous commençons toujours par examiner si une ou plusieurs forces sont déjà imposées par la nature de la question, si leur existence est certaine, en dehors de notre propre manière de voir. Cette constatation faite, nous tâchons de découvrir le système de forces le plus simple qui, combiné avec les forces imposées, suffirait à assurer le mouvement observé. Ainsi, quand un projectile se meut dans le vide, une force est imposée : la pesanteur. Quand il se meut dans l'atmosphère, deux forces sont imposées : la pesanteur et la résistance de l'air. Si ces deux forces ne suffisaient pas, avec la vitesse initiale, pour expliquer le mouvement, nous aurions à rechercher ou à imaginer une troisième force qui, composée avec les précédentes, procurerait le déplacement effectif.

En règle générale, qu'il s'agisse d'un corps ou d'un assemblage de corps, nous poursuivons toujours le système le plus simple possible de forces, qui, combiné avec celles dont nous connaissons par avance l'existence, suffit à produire le mouvement observé. Le problème se trouve ainsi ramené à la détermination ; mais c'est une détermination relative. Elle peut ne pas répondre à la réalité des faits. Si nous ignorions, je suppose, la présence de deux forces distinctes sur le mobile qui transite dans l'air, nous serions amenés à attribuer son mouvement à une seule force dont l'expression, assez compliquée d'ailleurs, ne serait pas en harmonie avec les éléments naturels du phénomène. Il y a donc, pour répéter le mot, une forte part de *subjectif* dans la solution du problème qui consiste à remonter des mouvements à leurs causes, tandis que cette part ne se rencontre pas dans le problème qui descend des causes à leurs effets.

Lorsque nous envisageons la question dynamique sous sa forme la plus élémentaire, à savoir : « Déterminer la vitesse qu'une force constante en grandeur et en direction imprime à une masse donnée au bout d'un certain temps », nous sommes portés à croire que cette question pourrait être résolue directement, au moyen de la relation connue entre les unités de temps, de force, de masse et de longueur, par de simples règles de proportion. Mais ce serait une grande erreur, qui ne s'explique que par notre longue habitude des vérités physiques. Comment, en effet, trouverions-nous dans les Mathématiques, c'est-à-dire en nous-mêmes, les lois suivant lesquelles les forces font mouvoir la matière? De ce qu'une force communique une certaine vitesse à une masse au bout d'un temps donné, pouvons-nous prévoir ce que fera une force double? ou ce que fera la même force sur une masse double? ou ce que fera la même force, sur la même masse, au bout d'un temps double? De quel droit affirmerions-nous que la vitesse sera doublée dans le premier et le troisième cas, et réduite de moitié dans le second? Sans doute cela nous paraît devoir être ainsi. Mais notre conviction n'a pas le caractère de nécessité logique; elle résulte exclusivement d'une pratique si ancienne que nous n'en apercevons plus l'origine, et c'est là ce qui produit notre illusion.

En réalité, la Mécanique repose tout entière sur un certain nombre de vérités de fait, établies *à l'aide* de l'observation de la Nature, mais non susceptibles la plupart du temps d'expérimentations directes. Ces vérités ou *Lois générales du mouvement* permettent seules de résoudre les problèmes dynamiques, depuis la plus simple relation entre la force et la masse, jusqu'aux lois majestueuses de l'Astronomie et jusqu'aux complications si grandes de la Physique terrestre. Le rôle du calcul est de mettre en relief les conséquences que ces lois recèlent et de contribuer ainsi à constituer un enchaînement méthodique, dont le premier anneau échappe à la raison pure.

CHAPITRE IV.

LES LOIS GÉNÉRALES DU MOUVEMENT.

Les Lois générales du mouvement sont actuellement au nombre de trois. Il me paraît convenable d'en adjoindre désormais une quatrième, sans laquelle les phénomènes de contact entre les corps (frottement, choc, déformation, etc.) reçoivent une explication incomplète, souvent même tout à fait erronée.

La première, dite : *Loi d'égalité entre l'action et la réaction*, est due à Newton [1]. Elle affirme que, dans la Nature, les actions sont toujours égales deux à deux et de sens contraires. Il n'y a pas d'action, petite ou grande, qui n'ait son exacte contre-partie. Si l'on pouvait joindre par une tige rigide les deux corps entre lesquels s'exercent deux actions récipro-

---

(1) Je présente ces lois, non dans l'ordre chronologique, mais dans l'ordre qui me semble le plus logique.

ques, celles-ci se neutraliseraient et les deux corps, en l'absence de toute autre cause, seraient réduits à l'immobilité.

Newton a vérifié la justesse de ce principe en constatant le parfait accord de ses conséquences avec les mouvements de tous les corps célestes connus de son temps. Ses successeurs, dans leurs innombrables applications du calcul à l'Astronomie, n'ont jamais eu la moindre dérogation à enregistrer. Les différents corps de notre système, depuis le Soleil jusqu'au dernier astéroïde, se comportent comme s'ils s'influençaient, deux à deux, avec une égale énergie et dans des directions opposées. Les récentes observations faites sur le mouvement des étoiles doubles ou triples conduisent à penser que la même loi préside aux évolutions de ces astres lointains.

Sur notre planète, des faits variés, des phénomènes de toutes sortes fournissent à chaque instant des confirmations indirectes. Si dans l'intérieur d'un corps les actions qui se développent de molécule à molécule ne se faisaient pas continuellement équilibre, ce corps ne resterait pas immobile sur un plan horizontal, ou ne garderait pas la verticale à l'extrémité d'un fil de suspension. Mais il se déplacerait ou s'inclinerait dans le sens de la résultante générale des actions intérieures. Un aimant attaché à un morceau de fer doux entraînerait celui-ci ou serait entraîné par lui. Le liquide contenu dans un vase posé de niveau se porterait d'un côté ou même s'échapperait par-dessus les bords. Les réactions chimiques, dues aux affinités mutuelles, ébranleraient le récipient dans lequel elles s'opèrent. En un mot, tous les phénomènes seraient plus ou moins troublés, car tous impliquent la réciprocité parfaite des actions en présence.

Cette réciprocité nous est quelquefois voilée par les intermédiaires à travers lesquels les actions se transmettent. Quand nous voulons exercer une pression sur un corps à l'aide de ressorts, de fluides ou d'objets plus ou moins déformables, nous n'observons pas tout d'abord une rigoureuse égalité entre l'effort au point de départ et l'effort au point d'arrivée. Il semble que l'action initiale se disperse et se perde en partie dans le mécanisme de transmission. Mais si nous attendons que celui-ci ait pris une forme invariable, que ressorts, poulies, courroies, etc., suffisamment tendus, forment un système géométrique, nous constatons chez le dernier corps impressionné ou dans l'obstacle contre lequel nous appuyons, une réaction exactement égale à l'effort d'origine. En chaque point de l'appareil la réciprocité règne alors et la portion de droite tire ou pousse la portion de gauche, de la même façon que celle-ci pousse ou tire celle-là.

Il est facile de reconnaître dans cette loi l'adage fameux : « Dans la Nature, rien ne se crée. » En ce qui concerne le mouvement cet adage n'a rien d'un axiome rationnel. Il exprime une simple vérité expérimentale, dont nous n'aurions jamais été assurés sans les recherches auxquelles se sont livrés les physiciens. La Mécanique contient d'autres vérités, sur lesquelles on est arrivé également à se méprendre et dont on place la source dans la raison au lieu de la voir dans le monde extérieur.

La seconde loi, aperçue par Képler, mais qui n'a trouvé sa formule définitive que plus tard, porte — assez improprement d'ailleurs — le nom de *Loi d'inertie* (1). Ce terme mérite d'abord une explication.

---

(1) Cette loi a été souvent attribuée à Galilée. Lagrange

En fait, la matière n'est point inerte. Elle se trouve, personne ne l'ignore, en perpétuelle acti-

---

la lui reconnaît expressément dans sa *Mécanique analytique* (p. 208, 3e éd.), et M. Joseph Bertrand se prononce dans le même sens, dans un article du *Journal des Savants* (mars 1896), qu'il a consacré à mon livre. Malgré ces deux hautes autorités, je crois devoir maintenir mon opinion. Képler a émis au Livre IV (2e partie, page 510) de ses *Epitomes astronomiæ copernicanæ* des réflexions qui me paraissent trancher la question de priorité en sa faveur. « Bien qu'un globe céleste, dit-il, ne soit pas pesant de la façon dont une pierre sur la Terre est dite pesante, ni léger comme l'est pour nous le feu, il a cependant, en raison de sa matière, une *incapacité* naturelle de passer d'un lieu dans un autre, il a une inertie naturelle ou repos, en vertu de quoi il reste immobile en tout lieu où il est placé isolé. En conséquence, pour qu'il change de place et sorte de son immobilité, il a besoin de quelque puissance qui soit autre chose que sa matière et que le corps lui-même, laquelle triomphe de son inertie naturelle. » (Le texte latin est celui-ci : « Et si globus aliquis cœlestis non est sic gravis, ut aliquod in Terra saxum grave dicitur, nec sic levis ut penes nos ignis : habet tamen ratione suæ materiæ naturalem *adunamian* transeundi de loco in locum, habet naturalem inertiam seu quietem, qua quiescit in omni loco, ubi solitarius collocatur. Inde vero ex situ et quiete sua ut emoveatur, opus est illi potentia aliqua, quæ sit amplius quippiam, quam sua materia et corpus nudum, quæque inertiam hanc ejus naturalem vincat. ») Sans doute, Galilée a rendu l'idée plus précise, mais il a dû la puiser chez Képler, lequel était son aîné de beaucoup et correspondait fréquemment avec lui au sujet de ses travaux. Auguste Comte, moins géomètre que Lagrange, mais plus philosophe et historien, n'hésite pas, dans l'analyse même qu'il fait de l'œuvre de Lagrange, à attribuer, à deux reprises, la loi d'inertie à Képler (*Cours de Philosophie positive*, t. I, XVIIIe leçon).

vité. Soumise à la gravitation universelle, qui en maintient toutes les parties dans une étroite dépendance, elle est, en outre, le siège des phénomènes les plus variés. Attractions moléculaires, affinités chimiques, actions calorifiques, électriques, etc., l'animent ou la dominent et ne lui permettent pas de rester inerte un seul instant. Lorsqu'on la déclare telle, c'est par une pure abstraction : on suppose les corps placés dans des conditions qui neutralisent les actions naturelles ou les rendent peu appréciables vis-à-vis des effets mécaniques qu'on projette de produire et de mesurer sur eux. On imagine, par exemple, qu'ils roulent sur une surface horizontale parfaitement polie, où la pesanteur et les frottements seraient à peine ressentis et où l'attraction des corps voisins serait absolument négligeable.

Ce n'est donc pas dans le sens d'inactif qu'il faut entendre le mot *inerte*. La véritable signification est celle-ci : « Quand un corps possède une certaine vitesse, il la garde sans altération indéfiniment, si aucune influence extérieure n'agit sur lui. » Comprise ainsi, la loi d'inertie mériterait beaucoup plutôt le nom de *Loi de la conservation du mouvement.*

Il paraît évident, d'après la loi de Newton,

qu'un corps ne peut pas, par lui-même, augmenter sa vitesse actuelle ou se tirer du repos. Car, toutes les actions qui s'exercent en lui se neutralisant deux à deux, elles n'engendrent aucune résultante et par conséquent elles ne peuvent accélérer le mouvement ni rompre l'immobilité. Mais il n'est pas aussi évident que le corps ne puisse pas se ralentir par degrés. Pourquoi ne perdrait-il pas sa vitesse par une sorte de rayonnement, comme il perd sa chaleur et sa lumière? « La nature de cette modification singulière, dit Laplace, en vertu de laquelle un corps est transporté d'un lieu dans un autre, est et sera toujours inconnue. » Nous ne pouvons donc pas fixer *a priori* les conditions de la conservation de la vitesse. Si l'espace indéfini était rempli d'un milieu susceptible d'opposer une résistance, et si nous ne savions pas *faire le vide* relativement à ce milieu, comme nous le faisons pour les gaz pondérables, nous verrions le mouvement des corps se ralentir plus ou moins vite, sans que nous puissions soupçonner la cause de cette altération. La loi d'inertie, en pareil cas, n'aurait jamais été formulée.

Une telle supposition n'est pas bien extraordinaire, puisque à l'heure actuelle les physiciens et les astronomes se demandent si l'éther ou le milieu quelconque auquel sont provisoirement attribués les phénomènes de chaleur, de lumière et d'électricité, ne dérangera pas à la longue le mouvement des astres. Qu'on imagine ce milieu plus dense, et la loi d'inertie cesserait d'être exacte dans le domaine de nos observations. Si nous la tenons pour certaine, c'est donc en vertu de circonstances que l'expérience seule devait mettre en évidence. On comprend dès lors combien sont vaines les tentatives faites, à diverses époques, pour établir cette loi par le raisonnement. Elles se résument toutes à déclarer la matière *incapable* de changer son propre état. Comme si, à chaque instant, et sous une foule d'autres rapports, cette matière ne nous étonnait pas par la multiplicité de ses transformations!

Les mêmes causes qui assurent la conservation de la vitesse en grandeur l'assurent également en direction. Si le corps se mouvait en ligne droite, au moment où les forces extérieures l'ont abandonné, il continuera de se mouvoir suivant la même ligne droite. S'il parcourait une courbe, il s'en détachera suivant la tangente, au moment précis où les forces disparaissent, et il s'éloignera indéfiniment dans cette direction.

Je rappelais tout à l'heure l'adage : « Rien ne se crée. » Il n'est pas complet; on ajoute ordinairement : « Rien ne se perd. » La loi de Newton répondait à la première partie de l'adage; la loi de Képler répond, on le voit, à la seconde. Les deux lois réunies expriment ce grand fait, que le mouvement est indestructible, ou du moins qu'il ne nous est pas donné historiquement d'en constater la destruction. D'une part, il ne peut augmenter puisque toute action motrice est accompagnée, dans l'Univers, d'une action égale, en sens contraire. D'autre part, il ne peut diminuer, puisque la loi d'inertie nous le montre se conservant dans chaque corps pendant une durée réputée indéfinie, sauf l'intervention d'une action étrangère, laquelle aurait sa contrepartie inévitable. Je reviendrai du reste sur ce principe, qui mérite de plus amples développements.

Les géomètres emploient fréquemment l'expression de *force d'inertie*. Les deux mots paraissent contradictoires, car ce qui est inerte ou inactif ne saurait engendrer une force. Il serait plus exact de dire : *résistance d'inertie*. Encore même convient-il d'éclaircir le sens donné ici au mot *résistance*. Quand nous poussons devant nous un corps entièrement libre, il ne nous oppose pas une résistance semblable à celle d'un poids que nous voudrions soulever; car le moindre effort ébranle le corps, tandis que le poids n'est soulevé que par un effort supérieur au poids lui-même. La résistance ou plutôt la réaction du corps supposé libre se proportionne à notre propre action; mais loin de détruire celle-ci, comme ferait un poids ou un frottement ou tout autre obstacle, elle la laisse passer intégralement dans le corps où elle s'accumule sous la forme de masse en mouvement. Ce que nous appelons « force d'inertie » ou « résistance d'inertie » est donc le procédé employé par la Nature pour transmettre le mouvement d'un corps à un autre. Ainsi entendue, la locution « force d'inertie » a l'avantage d'exprimer d'une manière concise le phénomène de la transmission de l'impulsion. Durant ce phénomène, le corps qui fournit l'impulsion se trouve dans le même cas que s'il était repoussé par un effort égal à la réaction du corps qui la reçoit. Mais dans tout cela il n'y a rien de contraire à la loi d'inertie ou à la parfaite mobilité de la matière, comme pourrait être tenté de le croire celui qui prendrait à la lettre ces termes métaphoriques (¹).

La troisième loi, découverte par Galilée, est la *Loi de l'indépendance des mouvements*. Elle peut se formuler ainsi : « Les mouvements particuliers dont divers corps sont animés, les uns par rapport aux autres, ne sont pas affectés si l'on vient à imprimer en outre à tous ces corps un mouvement commun consistant à décrire, dans le même temps, des droites égales et parallèles. » Réciproquement, si le mouvement commun existait déjà et si l'on vient à le supprimer, les mouvements particuliers ne seront pas altérés. En d'autres termes, le mouvement commun et les mouvements particuliers sont dans un état de mutuelle indépendance.

Les vérifications expérimentales de cette loi sont perpétuelles et les exemples cités sont classiques. Lorsqu'un navire poursuit une marche

---

(¹) C'est dans le même sens qu'on parle de « la force centrifuge ». Cela ne veut point dire que le corps développe une force déterminée pour s'éloigner du centre, mais simplement qu'il faut lui en appliquer une pour l'y ramener. Livré à lui-même, le corps continuerait son mouvement suivant la tangente, en vertu de la loi d'inertie. La « force centrifuge » est donc la réaction que provoque l'effort exercé vers le centre.

régulière sur une mer parfaitement tranquille, l'observateur placé sur ce navire et participant dès lors au mouvement commun reconnaît que tous les mouvements particuliers s'effectuent comme si le navire et lui-même étaient en repos. Les perturbations éventuelles sont dues aux agitations de la mer, qui ne se font pas sentir de la même manière sur tous les points du navire et qui par suite interrompent le mouvement commun. Dans un convoi de chemin de fer, si la voie est bien unie et se développe en ligne droite, les voyageurs, dont les mouvements particuliers ne sont pas gênés par le mouvement commun, n'ont pas le sentiment de la vitesse, à moins de regarder les objets de la route. Qui n'a remarqué les fréquentes illusions auxquelles nous sommes sujets? Tantôt nous nous croyons en marche, quand c'est le train à côté du nôtre qui s'ébranle; tantôt nous croyons le voir partir, quand c'est nous-mêmes qui nous ébranlons. Personne n'ignore quelles énormes distances parcourent les aéronautes sans presque s'en apercevoir. Mais rien n'est plus probant que le mouvement du globe terrestre. Les objets situés dans un même lieu peuvent être considérés comme animés d'un mouvement commun, au moins pendant un certain temps. Si ce mouvement commun influait sur les mouvements particuliers, ceux-ci seraient affectés de diverses manières, selon que les objets seraient déplacés dans le sens du méridien ou dans le sens du parallèle, de l'est à l'ouest ou de l'ouest à l'est. Or les déplacements particuliers conservent toujours le même aspect; ils sont donc indépendants du mouvement commun.

Les phénomènes physiques et chimiques réalisés dans nos laboratoires sont un exemple d'un autre genre. Ils ne sont jamais troublés par la translation rectiligne et sans secousse du support sur lequel s'opère l'expérience. On peut regarder cependant les actions en jeu comme étant, à des degrés divers, fonction des distances mutuelles des molécules et des vitesses dont celles-ci sont animées les unes par rapport aux autres. Si le mouvement commun altérait les mouvements particuliers, les actions s'en ressentiraient et l'expérience serait plus ou moins compromise.

L'attention ayant été depuis longtemps appelée sur cette grande loi, elle paraît presque aujourd'hui une vérité rationnelle et on la suppose telle implicitement, quand on admet comme évident qu'une force agissant pendant une durée double communiquera une vitesse double. Les hommes sont loin cependant d'avoir toujours pensé ainsi, car au moment où Galilée a exposé sa découverte, « il s'est élevé de toutes parts, dit Auguste Comte, une foule d'objections *a priori* tendant à prouver l'impossibilité rationnelle d'une telle proposition, qui n'a été unanimement admise que lorsqu'on a abandonné le point de vue logique pour se placer au point de vue physique (¹) ».

Cette loi est la base de tous les théorèmes relatifs à la combinaison des mouvements ou des forces qui les produisent. Supposons deux corps animés d'un mouvement commun, et dont l'un exécute en outre, par rapport à l'autre, un mouvement particulier consistant à décrire, dans un certain temps, une portion de droite plus ou moins inclinée sur celle qui représente le mouvement commun. A un moment donné, les deux corps, en vertu de leur mouvement commun, auront parcouru des portions de droite égales et parallèles; celui qui possède en outre un mouve-

---

(¹) *Cours de Philosophie positive*, 2ᵉ édition, tome I, page 386.

ment particulier aura parcouru la portion de droite qui le représente. Ce mouvement particulier, vu du second corps, sera le même que si le mouvement commun n'avait pas existé. Le déplacement total du premier corps dans l'espace sera donc figuré par le parcours successif des deux droites qui représentent l'une le mouvement commun et l'autre le mouvement particulier; ou par le parcours de la ligne qui ferme le triangle et joint le point de départ au point d'arrivée. Si le corps était animé d'un troisième mouvement, son déplacement absolu serait figuré par la ligne qui ferme le contour polygonal construit avec les trois droites; et ainsi de suite, quel que soit le nombre des mouvements distincts dont le corps se trouve doué.

Réciproquement, le mouvement effectif d'un corps peut être considéré comme le résultat de la combinaison d'un nombre quelconque de mouvements particuliers. Ceux-ci sont d'ailleurs complètement arbitraires; il suffit que l'extrémité du contour polygonal construit avec les droites qui les représentent aboutisse au point réel d'arrivée. Ainsi s'affirme le droit déjà reconnu d'attribuer le mouvement d'un corps à une infinité de systèmes de mouvements partiels différents ou à une infinité de systèmes de forces différentes. Tandis que manifestement un système étant donné, une seule résultante est possible, à savoir celle que figure la droite menée du point de départ à l'extrémité du contour polygonal construit avec les éléments du système.

On s'est demandé, dans un but de simplification théorique, si les trois lois précédentes pourraient être ramenées à un nombre moindre, grâce à quelque loi encore plus large, qui comprendrait deux d'entre elles. Les efforts tentés dans ce sens n'ont pas abouti, et je doute qu'ils aboutissent jamais. En effet, quand on supprime en pensée une de ces trois lois, les deux autres ne sont pas atteintes et continuent de subsister intégralement : preuve évidente de leur indépendance réciproque. Dès lors une loi d'apparence plus générale ne serait en réalité que la juxtaposition de deux lois distinctes, et leur absorption dans un principe supérieur constituerait un pur artifice de langage.

La seule partie vraiment commune entre la première et la seconde loi est celle qui énonce l'impossibilité pour un corps, à raison soit de l'inertie, soit de l'égalité entre l'action et la réaction, d'augmenter sa propre vitesse. On trouverait aisément une formule qui éviterait cette répétition. Mais comme la loi d'inertie n'est pas contenue tout entière dans cette constatation, elle n'en resterait pas moins à l'état de loi séparée. L'amélioration logique ainsi obtenue serait compensée et au delà par l'inconvénient de présenter une loi incomplète, dont l'expression manquerait d'unité et même de clarté. Les efforts des géomètres doivent tendre plutôt à découvrir de nouvelles lois, moins compréhensives sans doute, mais propres à donner la clef de particularités que l'Analyse ne réussit pas à rattacher suffisamment aux trois lois précédentes. Dans cet ordre d'idées, il importe, je le crois, d'admettre une quatrième loi générale, réservée de préférence à la Physique, mais dont l'intervention dans la Dynamique est indispensable pour l'intelligence de plusieurs catégories de phénomènes.

Cette quatrième loi, due aux travaux simultanés de M. Mayer et de M. Joule, compte à peine un demi-siècle d'existence. Elle est connue sous le nom de *Loi de l'équivalence mécanique de la chaleur*. Elle signifie qu'entre un effet mécanique et un effet calorifique il existe un rapport naturel, fixe et déterminé. Des expériences multipliées, entreprises tantôt directement, tantôt à la suite de calculs théoriques, ont mis cet important principe à l'abri de toute contestation.

Pour élever un décimètre cube d'eau à 425 mètres de hauteur, il faut, d'après la moyenne des observations, la même dépense de calorique que pour accroître d'un degré la température de ce litre d'eau. En d'autres termes, si la combustion du charbon est employée, d'une part, à échauffer directement de l'eau, d'autre part, à mouvoir une machine élévatoire, la consommation de charbon pour augmenter d'un degré la température d'un litre d'eau, et pour remonter à 425 mètres le poids de 1 kilogramme, sera identique dans les deux appareils. Réciproquement, le mouvement acquis par 1 kilogramme qui tombe de 425 mètres de haut est équivalent à cette même quantité de chaleur, désignée en Physique sous le nom de *calorie*. Tel est le rapport suivant lequel les phénomènes mécaniques et les phénomènes calorifiques se remplacent constamment dans la Nature.

Grâce à ce nouveau principe, il est facile

désormais d'interpréter de nombreux faits qui semblaient constituer de véritables anomalies et qu'on s'était habitué à négliger dans l'exposition de la Dynamique. Quand deux corps, par exemple, se heurtent, ils perdent dans le choc, s'ils ne sont pas parfaitement élastiques, une partie de leur mouvement. Cette perte pouvait être, dans une certaine mesure, expliquée par les forces moléculaires qu'il faut vaincre pour déformer définitivement les corps, et c'est ainsi, en effet, qu'on l'expliquait autrefois. Mais la plupart du temps elle est hors de proportion avec ce travail intérieur. Il y avait donc une destruction de force sans cause connue et l'on avait pris le parti de la passer, pour ainsi dire, au compte des profits et pertes, sans approfondir davantage. De là certaines théories, trop superficielles, qui ont eu cours longtemps et dont on aperçoit encore la trace dans quelques Traités. Elles se contentaient d'établir une relation algébrique entre la fraction du mouvement disparue et les variations survenues dans les vitesses. Mais la loi de l'équivalence a rectifié le point de vue. Il n'y a pas de destruction pure et simple de mouvement; le principe de conservation n'est pas entamé : là où disparaît du mouvement, il apparaît de la chaleur. Les deux portions du phénomène se compensent.

Toutes les particularités du choc s'éclairent dès lors supérieurement. D'une part, on savait que les corps parfaitement élastiques ne perdaient pas de mouvement. Ils en échangeaient entre eux, mais le total demeurait invariable. Par contre, ils ne s'échauffent pas. De même les corps très durs, presque indéformables, voisins de cet état abstrait envisagé par les auteurs sous le nom de *solide géométrique*, ne perdaient pas non plus un mouvement appréciable. Par contre aussi, ils ne s'échauffent pas. Mais d'autre part, on savait que les corps susceptibles de s'écraser sans donner lieu à un travail intérieur sensible, comme le plomb, pouvaient perdre tout leur mouvement. Que devenait-il? C'est là que l'ancienne Dynamique restait muette. Mais aujourd'hui, nous sommes informés que ces corps s'échauffent et que leur élévation de température correspond précisément au mouvement disparu. Nous n'avons donc plus à nous demander : Pourquoi tels corps font-ils perdre de la force et pourquoi tels autres corps la conservent-ils? Que devient la soustraction opérée par moments dans le grand tout? Les choses sont fort simples. La perte n'existe ni dans un cas ni dans l'autre; il se produit des équivalences moyennant lesquelles la somme primitive se retrouve toujours.

La même remarque s'applique à tous les phénomènes où les influences de contact entraînent des diminutions de vitesse. Le frottement est le plus saillant de ces phénomènes. C'est lui qui a mis sur la voie de l'équivalence mécanique de la chaleur. Le comte de Rumford, par ses célèbres expériences de Munich, mérite d'avoir son nom associé à ceux de M. Mayer et de M. Joule.

Inversement, les réactions au contact qui engendrent du mouvement sont accompagnées d'une diminution de chaleur. L'explosion d'un composé chimique fournit soudainement des gaz à une très haute température. Ces gaz en se dilatant propulsent les corps placés devant eux. Mais en même temps ils se refroidissent, et ils se refroidissent dans la proportion où le mouvement s'est communiqué. Il n'y a pas plus de création ici qu'il n'y avait destruction là. L'élément dynamique se forme aux dépens de la chaleur soustraite aux gaz pendant leur détente. Cette chaleur elle-même résultait de la consommation d'un certain composé chimique dans lequel la puissance avait été incorporée.

La loi que nous venons d'exposer est le véritable trait d'union entre la Mécanique et la Physique. Nonobstant ses origines, elle a sa place marquée dans la première de ces deux Sciences. Car non seulement elle en explique les phénomènes, mais elle participe au caractère des trois premières lois : elle est, comme celles-ci, indépendante de la nature des corps. L'égalité entre l'action et la réaction, la conservation indéfinie de la vitesse, l'indépendance des mouvements, se soutiennent pour toute espèce de matière; elles sont aussi vraies pour un corps que pour un autre. De même l'équivalence entre l'effet dynamique et l'effet calorifique est vraie pour tous les corps. Qu'un appareil thermique soit employé à remonter des poids ou à échauffer de l'eau, le rapport observé entre les deux séries d'effets ne se ressentira en rien de la nature des matériaux engagés dans la construction de cet appareil. Deux masses égales, animées des mêmes vitesses, représentent la même quantité de chaleur, quelle que soit l'espèce de matière de ces corps. Un kilogramme de marbre ou un kilogramme de fer, tombant de 425 mètres de haut, représentent l'un et l'autre une calorie. La relation thermodynamique est donc du même ordre que les trois lois générales du mouvement et tout la désigne pour figurer à côté d'elles.

J'ai souvent insisté sur la nécessité de ne pas séparer l'édifice mécanique de ses bases expérimentales. Prétendre suppléer à l'une d'elles par les ressources de l'Analyse ou par des considérations métaphysiques, c'est se condamner d'avance à des démonstrations défectueuses. On en trouve un exemple instructif dans les efforts tentés par d'illustres géomètres pour établir directement soit le parallélogramme des forces, soit la proportionnalité de la vitesse à la durée de l'action. Le livre, si justement renommé, de Poinsot sur la Statique, fait bien voir que les plus grands esprits sont impuissants à démontrer, par le seul raisonnement, l'équivalence entre une force unique et l'action combinée de deux forces distinctes. Car qu'est-ce qui prouve, en dehors de l'expérience, qu'une force unique est capable d'empêcher ou de remplacer le mouvement dû à la combinaison de deux forces sur un point matériel? N'est-ce pas admettre ce qui est en question, à savoir la possibilité de leur trouver une résultante? Et de même, qu'est-ce qui démontre, en dehors de l'expérience, que les vitesses consécutives s'ajouteront? Nous transportons là, dans le domaine physique, des vérités du domaine rationnel. De ce que des longueurs, des surfaces, des masses s'ajoutent, nous voulons ajouter aussi des vitesses, sans savoir si elles se comportent, dans la Nature, comme les unités d'une somme arithmétique. Il faut se garder d'une telle confusion et maintenir une démarcation sévère entre les idées qui procèdent de l'espace, du temps, ou de la pure logique, et celles qui procèdent de la matière et des réalités du monde extérieur.

CHAPITRE V.

QUANTITÉ DE MOUVEMENT. — TRAVAIL. — FORCE VIVE. — ÉNERGIE.

Les phénomènes se déroulent dans le temps. Nous sommes portés à croire que les effets d'une puissance s'accumulent pendant la durée de son action et que le résultat final en représente le total numérique. Si donc la puissance est constante en intensité, le résultat à tout moment nous semble devoir être proportionnel au temps écoulé.

Or il s'en faut que les choses se passent toujours ainsi dans la Nature. En bien des cas, la puissance étant constante, l'effet observé n'augmente pas uniformément avec la durée. Mais la progression se ralentit par degrés et finit même par s'arrêter tout à fait, comme si le résultat déjà acquis constituait un obstacle à un progrès nouveau. Quand on expose un corps à l'influence d'une source thermique invariable, la chaleur qu'il emmagasine n'est pas en raison directe du temps; elle croît de plus en plus lentement à mesure que l'opération se prolonge. La charge d'une batterie électrique ne peut être accrue indéfiniment, malgré une production continue d'électricité à la source. Un cristal qui se forme au sein d'une liqueur saturée n'augmente pas incessamment de grosseur, même si la liqueur est entretenue au point de saturation voulu. Sans doute ces faits s'expliquent par des causes accessoires qui viennent contrarier l'action de la puissance. Mais quand on analyse un phénomène on n'est jamais sûr de tout connaître et par conséquent on ne peut pas affirmer à l'avance que, les causes dites accessoires étant écartées, la proportionnalité du résultat au temps se vérifierait exactement. Il semble plutôt qu'il existe des limites que, pour une raison ou pour une autre, la Nature se refuse à dépasser.

La production de la vitesse cependant fait exception. L'accumulation des effets s'y poursuit indéfiniment et la vitesse procurée à un corps par une force constante augmente toujours en proportion de la durée. C'est la conséquence même de la loi de Galilée. Les mouvements étant indépendants les uns des autres, la vitesse imprimée pendant une unité de temps, à une phase quelconque, sera la même que si le corps partait du repos. Elle s'ajoute à la vitesse déjà acquise pendant les unités de temps précédentes, puisqu'elle suit la même direction. Donc, au bout d'une période déterminée, la vitesse totale sera égale à la vitesse procurée pendant l'unité de temps, multipliée par le nombre des unités contenues dans cette période. Aussi dit-on que l'action d'une force constante pendant un certain temps, ou sa *quantité d'action*, a pour expression le produit de la force par le temps écoulé.

D'autre part, l'effet obtenu ou la vitesse acquise par le corps est en raison inverse de sa masse; car, par définition, les masses sont proportionnelles aux forces qui leur impriment la même vitesse. En conséquence, si la masse est double, la force devrait être doublée pour communiquer la même vitesse; et si cette force reste la même, la vitesse procurée est moitié. La vitesse acquise par le corps est donc à la fois proportionnelle à la quantité d'action de la force et inversement proportionnelle à la masse. Ou encore, la quantité d'action est proportionnelle au produit de la masse par la vitesse acquise. Ce produit a reçu le nom de *quantité de mouvement*. Ainsi il y a proportionnalité entre la quantité d'action ou la cause, et la quantité de mouvement ou l'effet sensible. Ce point est à noter; car en général, dans les phénomènes physiques, l'effet observé est inférieur à l'effet réel, lequel est masqué ou en partie détruit par d'autres causes.

Au lieu d'être simplement proportionnels, les deux produits deviennent numériquement égaux, si l'on fait un choix convenable d'unités. L'unité de masse devra être telle que, sollicitée par l'unité de force, elle acquière au bout de l'unité de temps une vitesse égale à l'unité de longueur. Or précisément, nous l'avons vu, on s'est arrêté à cette combinaison. L'unité de masse adoptée a été celle de g décimètres cubes d'eau et cette masse, soumise à l'action de 1 kilogramme, prend une vitesse de 1 mètre au bout d'une seconde. Le but serait atteint avec un tout autre système d'unités, pourvu qu'il satisfasse à la même relation expérimentale.

Si la force motrice variait d'intensité, pendant la durée de son action, il faudrait en prendre la valeur moyenne. L'égalité entre la quantité d'action et la quantité de mouvement existerait alors pour cette valeur moyenne. Si la direction variait aussi, la force et la vitesse devraient être constamment estimées par rapport à la direction du mouvement, et l'égalité s'établirait avec les composantes tangentielles de la force et de la vitesse. Mais ces distinctions, nécessaires dans un Traité didactique, n'importent pas à la vue philosophique des choses. Je supposerai dorénavant que la force est constante en grandeur et en direction.

Une masse en mouvement représente rigoureusement l'accumulation des effets produits par la force. Comme, en vertu de la loi d'inertie, la masse conserve sa vitesse indéfiniment, elle représente donc cette accumulation à un moment quelconque de la durée. Elle est même susceptible de régénérer les effets de la force ou d'en produire de semblables à ceux qu'elle a supportés. Qu'on oppose au corps une résistance égale et contraire à la force primitive, il sera ramené au repos au bout d'un temps égal à celui qui avait été employé par cette force pour lui communiquer son mouvement. Conclusion fort remarquable; car un effet n'est pas, d'ordinaire, susceptible de régénérer la cause qui l'a produit.

Bien plus, la masse en mouvement est capable d'effets que la force motrice elle-même n'aurait pas obtenus. Ainsi elle peut vaincre (pendant un temps beaucoup plus court, il est vrai) une force très supérieure à celle qui l'a actionnée. Par là elle se rapproche plutôt d'un corps chargé d'électricité que d'un corps chargé de calorique, avec lequel elle a d'ailleurs tant d'autres analogies.

Les corps sont de véritables accumulateurs d'action motrice, comme ils sont accumulateurs d'électricité ou de chaleur. La faculté d'absorber ou d'emmagasiner ces dernières dépend de la nature du corps, de l'espèce de matière qui le constitue, et de diverses autres conditions physiques et chimiques. L'accumulation de l'action motrice dépend uniquement de la densité ou de la masse sous l'unité de volume. L'électricité et la chaleur, une fois accumulées dans un corps, se conservent moyennant certaines précautions appropriées. L'action motrice se conserve aussi, au prix de précautions analogues. Le corps en mouvement doit être soustrait désormais aux causes de déperdition de la vitesse : frottements, chocs, résistance du milieu, etc. En un mot, le corps doit se trouver dans un état d'isolement parfait. Il n'apparaît pas là de différence essentielle avec les conditions qui assurent la conservation des autres énergies naturelles.

Deux quantités de mouvement de même sens s'ajoutent; deux quantités de mouvement de sens contraires se retranchent. Par suite deux quantités de mouvement égales et de sens opposés forment un total égal à zéro. Cette opération arithmétique ne doit pas donner le change et faire supposer que deux quantités de mouvement égales et contraires soient l'équivalent de l'absence de mouvement. Ce serait confondre un résultat algébrique avec un résultat physique. Dans les formules, les termes égaux et de signes contraires peuvent être effacés, toutes les fois que la solution du problème dynamique dépend uniquement de la *valeur numérique* de la quantité totale de mouvement, et que dès lors pareille compensation n'a pas d'influence. Par exemple, le mouvement moyen de plusieurs corps, ou la vitesse du centre de gravité suivant une direction quelconque, est exprimé analytiquement par la somme des quantités de mouvement de ces corps (projetées sur la direction), divisée par la somme de leurs masses. Si dans un pareil système, deux corps animés de quantités de mouvement égales et opposées viennent à être ramenés au repos, le total ne sera pas altéré et le mouvement du centre de gravité restera le même. Il est donc loisible de considérer ces deux quantités comme se neutralisant et pouvant être effacées. Elles s'annulent en effet, quant au mouvement du centre de gravité et vis-à-vis de tout autre élément dont la grandeur ne dépendrait que de cette valeur numérique.

Mais elles sont bien loin de s'annuler dans l'ordre physique. Car, si les deux corps ainsi dirigés en sens contraires venaient à se rencontrer, il en résulterait un phénomène parfois fort destructeur, un choc, qui en outre, suivant le degré d'élasticité des corps, laisserait subsister après lui un certain mouvement et une quantité de chaleur proportionnelle au mouvement disparu (je néglige le travail intérieur). Il y a donc un abîme entre la compensation mathématique et la neutralisation physique. La première est une opération abstraite, la seconde est un phénomène réel. Il est interdit de conclure de l'une à l'autre. Les quantités de mouvement ont la même valeur concrète, quels que soient le sens dans lequel elles se dirigent et le signe algébrique dont elles sont revêtues. Elles sont susceptibles de produire les mêmes effets, et ces effets, au lieu de se compenser, se combinent.

Les phénomènes mécaniques, ai-je dit, s'accomplissent dans le temps; ce qui explique notre propension à envisager l'action de la force continuée pendant une certaine durée, et ce qui, par suite, nous a amenés à la notion de la « quantité d'action ». Mais ils s'accomplissent aussi dans l'espace ou se déroulent dans des portions successives de l'espace. Par là ils se distinguent d'abord des phénomènes psychiques, et ensuite d'un grand nombre de phénomènes physiques, tels que changements d'éclat, de température, d'électrisation; sans parler de ceux où le changement de position, quand il existe, disparaît à nos yeux devant l'importance des changements liés uniquement à la durée. Dans le phénomène mécanique, au contraire, le changement de position, le *déplacement*, a une importance capitale; que dis-je? il en est la condition, l'essence même.

Dès lors, il devait arriver que la Science progressant accordât une attention plus grande à la corrélation de la force avec l'espace et qu'à l'ancienne notion du produit de la force par la durée elle opposât ou plutôt ajoutât celle du produit de la force par le parcours.

Ce double concept n'a pas seulement le mérite d'être logique, mais il correspond à un ordre réel. Dans la Nature, en effet, nous voyons deux sources de mouvement : les forces *animées* et les forces *inanimées;* j'entends par là celles qui émanent des êtres vivants, et celles, beaucoup plus puissantes, qui se dégagent de la matière brute. Les premières sont influencées et même dominées par le temps. Elles se dépensent et se dissipent avec lui. Qui ne sait qu'un effort nous lasse, même si l'obstacle contre lequel nous pressons demeure immobile? Nous ne pourrions, tout en restant sur place, maintenir indéfiniment un poids soulevé ou supporter un fardeau. Aussi l'emploi de l'homme et des moteurs animés s'évalue-t-il communément par la durée : on décompte les heures pendant lesquelles on en dispose. Les forces inanimées ne connaissent pas la fatigue; elles peuvent, au repos, garder leur intensité pendant des siècles. Un poids suspendu, un gaz comprimé, un ressort tendu, sont toujours susceptibles de produire les mêmes effets, à quelque moment qu'on les laisse agir. Leur puissance est donc soustraite au temps. Le mouvement seul l'entame. Le déplacement du point d'application est pour elles la cause et la mesure de la dépense. Il se substitue à la durée comme élément générateur du phénomène mécanique ([1]).

Par une coïncidence remarquable, ce même élément se retrouve dans la plupart des effets que nous cherchons à obtenir pour nos convenances personnelles. Car ces effets consistent généralement à vaincre des résistances ou des forces inanimées, le long de certains parcours. N'en est-il pas ainsi quand nous travaillons le bois, la pierre ou les métaux, quand nous éle-

---

([1]) Cette distinction n'implique pas une dualité d'*essence* dans les forces de la Nature. Les moteurs animés sont des transformateurs très compliqués, mais soumis tout de même aux lois générales de la matière. On sait, depuis Lavoisier, que ce sont de véritables *machines à feu*, brûlant le combustible introduit par l'alimentation. Leur aptitude à fournir de la force mécanique est à chaque instant entravée par la nécessité d'entretenir les diverses parties de l'organisme, qui consomment presque proportionnellement au temps une fraction importante des réserves accumulées dans la circulation. Voilà pourquoi leur fonctionnement comme moteur mécanique ne peut avoir lieu qu'au détriment d'autres fonctions de l'organisme, ce qui explique que le temps intervienne d'une manière nécessaire dans la dépense de force mécanique. Mais cette identité de fond n'en laisse pas moins subsister une différence de forme telle que nos concepts mécaniques ont dû naturellement s'en ressentir.

vons des poids, quand nous transportons des fardeaux? Ne sommes-nous pas toujours en présence des deux mêmes éléments, inévitablement associés? Ce produit de la force, soit active, soit résistante, par la longueur parcourue a reçu depuis longtemps dans les Arts le nom de *travail*. La Science a adopté ce mot, qui est aussi usité aujourd'hui dans la Mécanique pure que dans la Mécanique appliquée. Dans les plus hautes spéculations de l'Astronomie comme dans les plus humbles opérations de l'Industrie, le « travail » représente un fait nécessaire, aussi familier à la Nature qu'à notre propre esprit (1).

De même qu'il existe une relation mathématique entre la quantité d'action et la quantité de mouvement, il doit exister aussi une relation entre le travail et quelque fonction de la vitesse. Descartes avait découvert la première; Leibnitz a trouvé la seconde, et par là il a rendu un service plus grand encore peut-être à la Dynamique. Il a reconnu que le travail dépensé pour imprimer une vitesse à un corps entièrement

---

(1) Le mot *travail*, par son origine, a l'inconvénient d'être subjectif; il éveille l'idée d'une opération humaine. Il eût mieux valu, ce me semble, dire : *dépense de force* ou simplement *dépense*.

libre est égal à *la moitié du produit de la masse par le carré de la vitesse*. Cette relation si longtemps insoupçonnée nous semble aujourd'hui toute simple, au moins dans le cas où la force est constante. En effet, la vitesse communiquée au mobile, après un parcours quelconque, est proportionnelle à l'intensité de la force et en raison inverse de la masse; ou bien, la force est proportionnelle au produit de la masse par la vitesse. D'autre part, la longueur parcourue est proportionnelle à la vitesse moyenne, laquelle est la moitié de la vitesse acquise après le parcours. Donc le produit de la force par le parcours est proportionnel au produit de la masse par la vitesse acquise, multiplié par la moitié de cette même vitesse. En d'autres termes le travail est proportionnel au demi-produit de la masse par le carré de la vitesse acquise. La proportionnalité se change en égalité si les diverses unités sont convenablement choisies, à savoir : si l'unité de masse, sollicitée par l'unité de force, prend une vitesse égale à l'unité de longueur, au bout d'un parcours égal à la moitié de cette unité. Or, précisément, il en est ainsi dans le système déjà adopté : la vitesse égale à l'unité de longueur est acquise, on se le rappelle, au bout de l'unité de temps; mais, pendant l'unité de temps, le parcours se confond avec la vitesse moyenne, il est égal à la moitié de la vitesse acquise ou à la moitié de l'unité de longueur.

Le demi-produit de la masse par le carré de la vitesse a été dénommé *force vive*, et l'égalité qui le relie au *travail* est dite : *équation de la force vive*. Pour s'expliquer ces locutions, il faut remarquer que le mot « force » est pris ici dans le sens où l'entendent les praticiens quand ils parlent de la « force d'une machine » pour désigner non l'effort qu'elle exerce, mais le travail qu'elle est susceptible de produire dans un temps donné. Quant à l'épithète « vive », elle rappelle l'idée de mouvement, comme dans l'expression si connue « eau vive », qui signifie : eau courante. « Force vive » veut donc dire proprement *travail en mouvement*, et l'image est vraie; car le corps animé représente le travail dépensé pour la lui donner : il est capable de régénérer ce travail, tout comme la quantité de mouvement régénère la quantité d'action. La masse, au repos, est *morte* comme force; elle est *vive* quand elle se meut, puisqu'elle est alors un réservoir de force.

Le seul tort de ces vocables est de créer une

sorte d'illusion. Il semble qu'il existe des entités correspondantes et deux sortes de puissance dont un corps serait tour à tour investi : l'une, exprimée par de la vitesse au premier degré, l'autre par de la vitesse au second degré. En réalité les corps ne possèdent, au sens concret des mots, ni quantité de mouvement, ni force vive; ils n'ont que de la masse et de la vitesse, et ne peuvent avoir que cela. Ces soi-disant entités sont de pures expressions numériques, de simples relations établies entre la vitesse, d'une part, et la durée ou l'espace, d'autre part. Leur intervention dans les calculs ne saurait communiquer aux choses des propriétés particulières.

Ceci nous ramène à la difficulté que j'ai déjà signalée et qui semblait autrefois insoluble quand on examinait le phénomène du choc sous le double aspect de la quantité de mouvement et de la force vive. Comment expliquer, par exemple, ce fait si simple? Deux sphères semblables, animées de vitesses égales et opposées, se rencontrent sur la ligne des centres. Si ces sphères sont parfaitement élastiques, elles rebondissent en arrière, chacune paraissant avoir emprunté la vitesse de l'autre; la quantité de mouvement, nulle avant, est nulle après; quant à la force vive, elle garde sa même valeur positive. Mais si les sphères s'aplatissent l'une contre l'autre comme du plomb; si elles demeurent, après le choc, unies et immobiles, la quantité de mouvement continue bien d'être nulle, mais la force vive ne conserve plus sa valeur primitive; elle s'annule en même temps que la quantité de mouvement.

N'y a-t-il pas une sorte de paradoxe à voir la puissance dynamique se comporter d'une façon différente, selon qu'on la considère à l'état de quantité de mouvement ou à l'état de force vive? Immédiatement la question change de face si l'on a bien soin de ne voir dans les deux concepts que des expressions numériques, qui n'engagent pas le fond des choses. De plus, ainsi que je l'ai rappelé, la Thermodynamique a rétabli l'unité du phénomène. La force vive, demeurée positive dans le premier cas, ne s'annule pas réellement dans le second : elle se transforme en calorique, c'est-à-dire — si les vues de la nouvelle Physique sont exactes — en un mouvement vibratoire de puissance équivalente.

La relation de la force vive a ce grand avantage sur celle de la quantité de mouvement de permettre un décompte beaucoup plus rapide et aisé des effets à attendre d'une force motrice. Dès l'instant que celle-ci, généralement inanimée, n'est pas subordonnée au temps, et qu'elle s'épuise seulement en raison du parcours effectué, la connaissance du travail est beaucoup plus importante que celle de la quantité d'action. Il nous apprend ce que la force a donné, ce qu'elle peut donner encore; il mesure la dépense, non seulement au sens scientifique du mot, mais aussi au sens économique, car dans les opérations industrielles le coût est proportionnel au travail, c'est-à-dire au parcours et non à la durée. Qui ne sait que la dépense (au sens économique) d'une machine hydraulique ou d'une machine à vapeur est, toutes choses égales d'ailleurs, en raison du nombre de tours de roue, ou de coups de piston, et que la durée n'y influe que d'une manière accessoire et indirecte?

La même relation a encore un autre avantage. Elle suffit à déterminer le déplacement du mobile, toutes les fois que celui-ci ne peut se mouvoir que dans une direction. Il arrive fréquemment, dans la Science pure comme dans la Mécanique appliquée, que le système est constitué de telle sorte ou est soumis à de telles conditions qu'un seul mouvement est possible. En ce cas, l'équation de la force vive, quand on réussit à l'établir, résout immédiatement le problème. De toutes façons, elle en fixe un des éléments essentiels. Enfin, elle a le mérite inestimable de préciser et de rendre plus compréhensibles les équivalences aperçues par la Physique moderne. La chaleur, on l'a vu, est directement équivalente non à de la quantité de mouvement mais à de la force vive, et par là un jour est ouvert sur la nature même de la chaleur, qui apparaît comme une vibration. Il en est de même de l'électricité, de la lumière, de la puissance chimique; leur équivalence s'affirme vis-à-vis de la force vive et fait ainsi pressentir l'identité fondamentale des divers modes d'activité de la Nature.

Devant ce nouvel horizon, les géomètres et les physiciens ne pouvaient rester liés à un terme étroit comme celui de force vive, lequel rappelle invinciblement une forme particulière de l'activité universelle, celle qui se traduit par le mouvement sensible des corps. Il a fallu un terme plus compréhensif, applicable à la fois à tous ces phénomènes d'apparence si variée. Le mot *énergie* a été adopté d'un commun accord par les savants et par les praticiens. Il désigne aussi bien la puissance emmagasinée dans un corps à l'état de chaleur, d'électricité, ou d'affinité chimique, qu'à l'état de force vive.

La houille au sein de la terre représente de l'énergie solaire accumulée depuis des siècles. La vapeur d'eau qui flotte dans l'atmosphère engendrera, en se condensant et en retombant sur le sol, de la force et du calorique. La plante, l'animal constituent des machines qui consomment l'énergie extérieure contenue dans les aliments, pour la reproduire sous des formes diverses. Les actes de la volonté, d'après les dernières recherches des physiologistes, s'accompagnent de courants électriques dont la dépense correspond aux effets engendrés. Le monde, selon la Science moderne, est un immense laboratoire où s'accomplit incessamment la métamorphose de l'énergie.

Dans la Nature, l'énergie se montre sous deux aspects très différents : *en puissance*, et à l'état d'*effet réalisé*. Un corps, placé à une certaine hauteur au-dessus du sol, contient en puissance la quantité d'énergie ou de force vive qu'il développera en tombant, sous l'impulsion de la gravité, jusqu'à la rencontre du sol. Son poids multiplié par la hauteur exprime le travail latent ou *potentiel* qui réside en lui avant que la chute commence. Au bas de la chute ce même produit représente, non plus un travail en puissance, mais un travail effectué et par conséquent la force vive dynamique emmagasinée par ce travail dans le corps. A un point intermédiaire quelconque, l'énergie latente ou *potentielle,* qui existait seule au départ, se divise maintenant en deux portions : l'une, la force vive développée par ce commencement de chute et qui se nomme énergie *actuelle* ou force vive proprement dite ; l'autre qui continue à mériter le nom d'énergie potentielle et qui correspond au supplément de force vive dont la suite de la chute sera la source. En résumé : « L'énergie totale dévolue à un corps est égale à la somme de ses énergies actuelle et potentielle ». Chacune de celles-ci augmente ou diminue quand l'autre diminue ou augmente, mais leur total demeure invariable. Tel est le *Principe de la conservation de la force vive.* Il énonce ce fait, qu'il n'est pas au pouvoir d'un corps de changer la dose d'énergie dont il est dépositaire à raison de la situation qu'il occupe par rapport aux autres corps de l'Univers. Ainsi le globe terrestre renferme, au regard du Soleil, une énergie totale mesurée par la force vive qu'il possède actuellement et par celle qu'il acquerrait si, n'étant plus retenu par sa vitesse acquise, il pouvait tomber librement sur lui, en vertu de l'attraction newtonienne. Ces deux forces vives se modifient sans cesse, à mesure que la Terre circulant sur son orbite s'éloigne ou se rapproche du Soleil; mais leur somme demeure toujours la même.

Il ne faut pas confondre le principe de la conservation de l'énergie avec la loi d'inertie.

La loi d'inertie ne concerne que les corps présentement pourvus de vitesse, et elle déclare que cette vitesse se conserve intégralement, si aucun obstacle extérieur ne la détruit. Le principe de l'énergie vise la permanence même de la force; il implique que cette force ne faiblit pas avec le temps et devra dès lors produire les mêmes effets à quelque moment qu'on les évalue. La Terre garde son énergie par rapport au Soleil, parce que l'attraction universelle s'exerce également chaque année. Si cette attraction pouvait subir une diminution dans la suite des temps, le principe de la conservation de l'énergie se trouverait en défaut. Cependant, la loi d'inertie continuerait d'être respectée; les vitesses acquises par les corps sous ces forces amoindries n'en demeureraient pas moins, une fois établies, absolument invariables.

Le principe de la conservation de l'énergie repose donc tacitement sur l'hypothèse que les forces naturelles sont indépendantes du temps. C'est bien ainsi, d'ordinaire, qu'elles apparaissent, et c'est là ce qui nous a conduits à affirmer la constance de l'énergie dans l'Univers.

CHAPITRE VI.

CONSERVATION DU MOUVEMENT ET DE L'ÉNERGIE DANS LA NATURE.

Le système solaire peut être regardé comme entièrement isolé dans l'Univers. Les astres qui l'entourent sont trop éloignés pour exercer sur lui, malgré leur nombre, aucune influence appréciable. La lumière que nous recevons de l'ensemble des étoiles ne dépasse pas celle qu'émettraient 320 étoiles de première grandeur (1). Si l'on adopte la même base pour l'attraction — qui décroît suivant la même règle que l'intensité de la lumière — la totalité des astres exercerait sur nous une action équivalente à celle de 320 étoiles de première grandeur ou de 320 soleils semblables au nôtre. Or les étoiles de première grandeur se trouvant situées, en

(1) *Sur l'origine du monde*, par M. H. Faye, de l'Institut, 2e édition, page 180. Voir aussi *Le Soleil*, du R. P. Secchi, tome II, livre VIII.

moyenne, à une distance un million de fois aussi grande que celle du Soleil à la Terre, l'attraction de chacune d'elles sur notre globe n'est que la trillionième partie de celle du Soleil; et l'attraction des 320 étoiles sera à celle du Soleil dans le rapport de 1 à 31 milliards, c'est-à-dire représentera une quantité absolument négligeable. On a donc le droit de considérer le système solaire comme exclusivement soumis à ses forces intérieures, gravitation et actions de toute nature développées entre les corps et entre leurs dernières particules.

Si l'on entreprenait de calculer ce qui advient pour chaque corps, et à plus forte raison pour chaque parcelle de matière, on se heurterait à des difficultés inextricables. Les actions sont si nombreuses, leurs lois encore si peu connues, les situations respectives varient avec une telle rapidité, enfin l'ensemble de tous les détails est si complexe, que l'esprit le plus vaste ne peut même songer à se livrer à une analyse approximative des phénomènes qui se succèdent dans notre monde. Mais si l'on adopte une marche inverse; si au lieu de procéder par analyse on procède par synthèse, il est possible de dégager quelques résultats généraux et de formuler des principes comparables par leur simplicité aux lois fondamentales du mouvement : pour mieux dire, ils en sont la reproduction sous une autre forme.

En vertu de la loi d'égalité entre l'action et la réaction, tout mouvement qui se produit ou tend à se produire, en un point quelconque du système, a son exacte contre-partie sur quelque autre point. Les attractions, les répulsions sont réciproques deux à deux. Un corps qui frotte contre un autre tend à l'entraîner avec la même force que celui-ci met à le retenir. La résistance au mouvement, opposée par un milieu plus ou moins dense, liquide ou gazeux, ou même pulvérulent, motive la même observation : ce milieu reçoit la même pression et subit les mêmes frottements qu'il exerce lui-même sur le corps pendant son déplacement. Les chocs, les explosions n'entament pas l'équilibre; car, au cours du phénomène, certaines parties des corps se compriment ou se détendent, à la manière de ressorts, et fournissent à tout instant des actions égales et directement opposées. Les liens eux-mêmes, qui unissent les corps les uns aux autres, et semblent faire obstacle à leur mobilité naturelle, ne sauraient non plus rien changer au total : la flexion, la torsion, la tension de ces liens, se résolvent en actions moléculaires qui revêtent partout le caractère de la réciprocité. Bref, dans le système solaire, dès qu'on élimine l'influence des mondes environnants, il ne reste plus qu'une variété innombrable de forces grandes ou petites, permanentes ou temporaires, proches ou distantes, constamment égales deux à deux et de directions contraires. Si l'on pouvait tout à coup solidifier le système, c'est-à-dire unir tous les corps et toutes les particules matérielles par des tiges rigides et inextensibles lui assurant désormais une forme invariable, les forces se feraient mutuellement équilibre et seraient incapables de déterminer aucun mouvement.

En fait le système n'est point enserré dans de tels liens et les parties y jouissent d'une liberté plus ou moins grande les unes par rapport aux autres. Aussi l'équilibre général ne se traduit pas par l'immobilité. Les corps sont au contraire en perpétuel ébranlement et leurs vitesses relatives varient à l'infini. Deux forces réciproques, comme celles qui se dégagent entre le Soleil et la Terre, par cela même qu'elles s'exercent sur des masses fort différentes, ne peuvent occasionner les mêmes déplacements. La plus forte masse se meut moins vite que l'autre. Mais les vitesses sont en raison inverse des masses, de manière que constamment les quantités de mouvement se trouvent égales et de sens opposés.

Si l'on suppose, par la pensée, consignées dans un immense tableau les quantités partielles de mouvement qui se développent, d'instant en instant, aux divers points du système; si on les projette sur une direction quelconque et qu'on les totalise, la somme arithmétique aura toujours la même valeur. Les chocs ou les explosions, s'il en survient, affecteront également les termes positifs et les termes négatifs, mais ne changeront pas le résultat final de l'addition. Donc la quantité générale de mouvement du système solaire, dans toute direction, est nulle ou constante.

Le déplacement du centre de gravité d'un système quelconque est, on le sait, déterminé par la valeur de la quantité générale de mouvement. Si cette quantité est constante, le centre de gravité est animé d'un mouvement uniforme. Le centre de gravité du système solaire ne peut, d'après ce principe, qu'être fixe ou doué d'une vitesse invariable.

La constatation faite au cours du siècle actuel,

d'une translation rapide du Soleil vers la constellation d'Hercule, exclut la première hypothèse. Le système solaire possède donc dans son ensemble un mouvement uniforme, puisque les actions extérieures sont entièrement négligeables. Toutefois cette situation pourra se modifier dans la suite des âges, si le système, en vertu de son déplacement continu, arrive assez près des étoiles pour que celles-ci exercent sur lui une influence appréciable.

Dans la Nature, un mouvement de translation du centre de gravité n'existe jamais seul. Il est toujours accompagné d'une rotation autour de ce même centre. Pour qu'il en fût autrement, il faudrait un concours de circonstances très particulier. Dans le cas d'un corps solide, par exemple, il faudrait que la résultante générale des impulsions qui lui ont communiqué sa vitesse originaire eût passé exactement par son centre de gravité. La translation de notre système aurait dès lors rendu infiniment probable une gyration générale autour du Soleil, si déjà Newton et Laplace ne l'avaient conclue directement de la révolution des planètes. Aujourd'hui elle est définitivement démontrée par la rotation du Soleil sur lui-même, observée à l'aide des taches.

La conservation de la quantité de mouvement (qui n'est pas, comme nous l'avons remarqué, la conservation *absolue* du mouvement, mais la simple constance du total algébrique des quantités partielles, estimées suivant une direction quelconque) nous a conduits à ces conclusions. Mais elle ne prouve rien quant à la conservation de la force vive et de l'énergie, lesquelles s'évaluent suivant un mode tout différent. Pour s'en rendre compte, il faut revenir aux considérations antérieures.

Dans un système où les corps changent de position les uns par rapport aux autres et où les vitesses individuelles se modifient, la force vive de l'ensemble subit d'incessantes vicissitudes. La force vive de la Terre, par exemple, augmente ou diminue selon que son mouvement autour du Soleil s'accélère ou se ralentit. La force vive des astres ainsi que celle de toutes les particules de matière ne peut redevenir la même que si, à un moment donné, ces astres et ces particules repassaient rigoureusement par les mêmes positions ; j'entends par là se retrouvaient aux mêmes distances les uns par rapport aux autres. En dehors de cette universelle coïncidence, qui ne se reproduit sans doute jamais, la force vive du système est exposée à de perpétuelles variations. Mais ces variations disparaissent si l'on envisage non seulement la force vive actuelle des corps, mais aussi leur force vive potentielle, complément nécessaire de la première. Pourvu que les forces soient uniquement fonction des distances et qu'elles ne s'affaiblissent pas avec le temps, la somme de ces deux forces vives ou l'énergie totale ne risque point de déchoir. C'est le cas du système solaire, avec ses actions intérieures réciproques et grâce à l'équivalence des énergies.

Pendant la circulation d'une planète autour de l'astre central, ou d'un satellite autour de sa planète, l'énergie représentée, à tout moment, et par la vitesse acquise et par celle que pourrait procurer l'épuisement de la distance, demeure constante. Il en est de même quand, descendant du grand au petit, on scrute les forces moléculaires et les affinités chimiques. Partout l'énergie globale est indifférente aux changements de position, trouvant dans un des deux termes une exacte compensation aux alternatives de l'autre. Sans doute un choc imprévu, la rencontre de deux astres, modifierait beaucoup la force vive dynamique. Mais l'accomplissement du travail intérieur, représenté par l'écrasement de ces grandes masses, et l'apparition d'une énorme quantité de calorique compenseraient l'effacement de la force vive. L'énergie générale prendrait alors une autre forme, mais elle conserverait sa valeur. Une explosion formidable, comme celle qui a pu, aux époques cosmogoniques, faire voler en éclats quelque planète, augmenterait subitement la force vive de tout le système. Mais cette force vive serait procurée au prix de l'énergie contenue dans les matières qui, par leur expansion au sein de la planète, auraient déterminé la catastrophe. En réalité, il ne se produirait aucun accroissement de force, mais une simple transformation d'énergie latente ou potentielle en force vive dynamique. La somme totale, établie dans les conditions que nous avons indiquées, se retrouverait exactement la même.

Cette ferme croyance que sur notre Terre et dans le système solaire tout entier aucune quantité de mouvement ne se crée, nulle addition d'énergie ne doit être attendue, a été invoquée par certains philosophes comme un argument en faveur de l'opinion connue sous le nom de *déterminisme*. La liberté humaine, dans le sens où ce mot est entendu communément, troublerait, dit-on, l'équilibre nécessaire de la Nature, en enfantant des mouvements sans contre-partie. La spontanéité, la volonté ne doivent donc être que des apparences sous lesquelles se cache le jeu régulier des forces en exercice dans le monde physique. Nos actes réputés les plus libres seraient, à notre insu, la conséquence de mouvements antérieurs ou d'impulsions venues du dehors. Car il faut avant tout, insiste-t-on, que la grande loi sur l'invariabilité de l'énergie soit observée, et l'homme pas plus qu'un autre agent n'en saurait déranger l'application.

Tout d'abord cette extension des principes dynamiques au fonctionnement de l'activité humaine n'est pas, à mon avis, légitime. Les lois sur lesquelles s'appuie l'objection des déterministes ont été établies par l'observation directe, et celle-ci a porté uniquement sur les manifestations de la matière. Aucun physicien n'a pénétré dans les mystérieux laboratoires où la volonté prend naissance, et n'a pu vérifier si l'égalité entre l'action et la réaction y est scrupuleusement respectée. Je ne prétends pas que l'homme soit capable de créer du mouvement, mais je constate que les lois générales de la Mécanique ne prouvent pas le contraire. Les analyses fort instructives qui ont été faites sur la transmission de la volonté, du cerveau à l'extrémité de nos organes, la découverte si remarquable de courants électriques qui accompagneraient tous nos efforts et même nos pensées les plus fugitives, laissent intacte la formation même de l'impulsion première, l'initiative, ce je ne sais quoi qui met la machine en branle et entraîne les mouvements ultérieurs. C'est à ce point précis qu'il faudrait démontrer que l'opération interne se dédouble en deux actions toujours réciproques, comme celles du monde physique. Or cette démonstration n'a pas été donnée et j'ignore si elle le sera un jour. En attendant, l'application du principe des forces vives manque de base et ne saurait suggérer d'argument dans aucun sens.

Même si l'on concède que les créatures animées, l'homme en particulier, sont incapables de créer du mouvement — et je suis, pour ma part, disposé à l'admettre — il n'en résulte pas, nécessairement, une contradiction avec le fait de la liberté morale. Je crois au contraire les deux propositions parfaitement conciliables. Une étude plus approfondie du phénomène résout cette apparente antinomie, comme j'essayerai de le montrer plus loin. En tout cas j'estime qu'il est aussi peu fondé de conclure des lois dynamiques contre la liberté, qu'il le serait de conclure de la liberté contre les lois dynamiques. Ce sont là deux ordres d'idées séparés, entre lesquels il me paraît chimérique de chercher des points de contact et surtout des analogies.

Nous n'avons aucune preuve directe et formelle que les règles en vigueur dans le système solaire gouvernent également les autres systèmes de l'Univers. L'imagination peut concevoir un état de la matière où des lois différentes seraient applicables. L'illustre auteur de la *Philosophie positive* conseillait, avec un prudence excessive peut-être, de fuir toute spéculation sur des mondes qui devaient, disait-il, nous être à jamais fermés. Depuis lors les progrès de l'Astronomie et de la Physique ont fourni des indications qui, sans constituer des démonstrations décisives, ne sauraient cependant laisser en suspens un esprit non prévenu. Déjà le mouvement des comètes donnait à penser, chez ceux qui considèrent avec Laplace ces astres comme étrangers au système solaire, que la matière la plus éloignée obéit à la gravitation, puisque, parvenues dans la sphère d'activité du Soleil, elles se comportent à la façon de planètes, dont les orbes seraient seulement beaucoup plus allongés. Les comètes seraient donc des témoins venant nous faire part de ce qui se passe dans les régions lointaines de l'Univers et nous montrant la matière accessible aux mêmes influences qui dominent autour de nous. Le mouvement des étoiles multiples paraîtra peut-être plus significatif. Sans pouvoir déterminer rigoureusement leurs trajectoires, les astronomes ont poussé assez loin les observations, pour en induire que dans leurs mouvements mutuels ces étoiles obéissent à l'attraction newtonienne, avec tous les signes d'une complète réciprocité d'action. La lumière, non seulement de ces étoiles, mais de toutes celles dont on a constaté le déplacement dans le ciel, se transmet à notre globe suivant les lois ordinaires; elle a même suggéré un moyen efficace de calculer, par les phénomènes d'aberration, la vitesse de translation déjà déduite des positions relatives des différents astres. Enfin, et c'est peut-être le fait le plus important, l'analyse spectrale a révélé dans les étoiles plusieurs des éléments chimiques existant sur la Terre et dans le Soleil. Il serait bien extraordinaire que la même espèce de matière se rencontrât dans des mondes si distants, qu'elle émît de la lumière se conformant aux même lois, également décomposable au spectroscope et se transmettant avec la même vitesse; et que, cependant, la matière dans ces mondes reculés fût dans un état assez profondément dissemblable pour ne reconnaître ni la loi de la gravitation, ni la loi d'égalité entre l'action et la réaction, ni aucune de celles qui forment les bases de la Mécanique.

L'Univers ou « l'ensemble des astres visibles », pour emprunter l'expression de M. Faye (¹), étant ainsi assimilé au système solaire, sous le rapport des forces intérieures, constitue un tout encore plus complètement isolé dans l'espace indéfini. Car si nous avons trouvé une fraction négligeable pour la valeur de l'attraction exercée sur notre système par l'ensemble des étoiles, quelle peut être sur celles-ci l'attraction exercée par d'autres astres, tellement éloignés que leur lumière se dérobe à nos regards? La nuit dans laquelle ils sont plongés pour nous tient à l'une de ces deux causes : ou leur distance est trop

(¹) Ouvrage déjà cité, page 176.

grande pour que la lumière ait pu la franchir depuis leur création; ou bien ils composent des amas trop clairsemés pour que leur lumière déjà parvenue soit sensible à nos instruments. Dans l'un et l'autre cas, leur masse est évidemment sans influence sur l'immense agglomération dont nous faisons partie.

L'Univers se trouverait donc, au point de vue de la conservation du mouvement et de l'énergie, dans les mêmes conditions que notre propre système. Son centre de gravité, nonobstant les déplacements individuels des étoiles qui sillonnent l'espace dans tous les sens, est immobile ou animé d'un mouvement uniforme. Les plus grands accidents comme les plus lentes métamorphoses ne sauraient altérer cet équilibre fondamental. Les phénomènes se succèdent, les positions des astres se modifient, le ciel contemplé à de longs intervalles devient méconnaissable; mais à nos yeux la loi de conservation domine et l'Univers ne cesse pas de renfermer la somme totale d'énergie qui a été déposée originairement dans sa constitution.

CHAPITRE VII.

CAUSES POSSIBLES DE DÉPERDITION DE L'ÉNERGIE.

La conclusion qui précède semble inattaquable. Elle ne l'est cependant qu'à une condition, dont il ne faut jamais s'abstraire : c'est que les agents de la Nature ne subissent pas l'influence du temps et qu'ils ne soient pas susceptibles de faiblir entre deux époques consécutives.

Qu'importerait, en effet, qu'aux deux époques les distances d'où les actions dépendent se retrouvassent identiquement les mêmes, si dans l'intervalle la valeur intrinsèque des forces avait baissé; si, par exemple, l'attraction entre deux corps n'avait pas, à la même distance, conservé la même intensité? Il est clair qu'en pareil cas l'expression numérique de l'énergie aurait changé.

Le point est donc de savoir si de telles altérations sont possibles dans l'Univers.

Avant de poursuivre, je ferai remarquer que,

même dans cette hypothèse, la quantité de mouvement, définie comme on l'a vu, ne serait pas entamée. En effet, elle résulte d'une sommation algébrique de termes, les uns positifs, les autres négatifs, dont la grandeur absolue est indifférente, pourvu qu'ils restent exactement réciproques deux à deux. Si donc la loi d'égalité entre l'action et la réaction ne cesse pas d'être observée (nonobstant cette évolution dans l'intensité des forces), le total algébrique ne sera pas modifié; toute diminution d'un terme positif trouvant sa compensation dans l'accroissement du terme négatif. Bref, tous les mouvements partiels pourraient se ralentir, leur somme demeurerait constamment la même. Le centre de gravité, dont le déplacement est lié à la valeur de cette somme, continuerait d'être immobile ou conserverait la même vitesse.

Il en est tout autrement de la force vive ou de l'énergie. Celle-ci ne résulte pas d'une totalisation de termes à signes opposés, mais elle implique la considération des mouvements sans tenir compte de leur signe. Si deux corps sont portés l'un vers l'autre par une attraction mutuelle, la somme de leurs forces vives à tout instant dépend du chemin parcouru; et si, à deux époques consécutives, ce chemin parcouru est le même, mais que l'intensité de l'attraction ait diminué, cette somme aura diminué dans la même proportion. Si la force vive se change à un moment quelconque en énergie physique, chaleur ou électricité, cette énergie aussi se trouvera diminuée dans la même proportion.

La conservation de la force vive ou de l'énergie du système solaire dépend donc essentiellement de la constance dans l'intensité des actions intérieures auxquelles il est soumis. Jusqu'ici les astronomes n'ont aucun motif de penser que le coefficient de la pesanteur universelle soit sujet à varier avec le temps. La moindre diminution produirait un changement dans les révolutions des planètes. La Terre emploierait un temps plus long à parcourir son orbite et les astronomes se seraient certainement aperçus de l'augmentation de durée de l'année sidérale. Les physiciens de leur côté, ainsi que les chimistes, n'ont pas relevé de symptôme tendant à faire supposer que les forces moléculaires de toute nature éprouvent quelque altération. Ce n'est pas dans cette voie que les causes possibles de déperdition de l'énergie semblent devoir être recherchées.

Il n'y a pas lieu davantage de s'arrêter à d'autres causes, enveloppées encore d'une grande obscurité, dont l'influence sur l'énergie générale serait d'ailleurs nulle ou bien faible. L'action des marées, même si elle devait amener à la longue, comme le prévoit M. G.-H. Darwin, un rapprochement de la Lune et de la Terre, et une diminution de la force vive de ces deux astres, restituerait une quantité équivalente d'énergie par la chaleur dégagée dans le frottement des parties liquides contre les parties solides. Les actions inductrices entre le Soleil et les planètes, étudiées par M. Quet, n'auraient pas plus de conséquence, car elles rentrent dans la catégorie des forces réciproques. Les pluies d'aérolithes peuvent être regardées comme apportant à la Terre, sous forme d'ébranlement et de chaleur, une dose de force vive égale à celle qu'ils possédaient eux-mêmes avant de toucher le sol. Les comètes, suivant qu'elles appartiennent ou non au système solaire, ne modifient pas son énergie générale ou la modifient extrêmement peu, à raison de leur masse insignifiante. Mais il convient d'examiner de près deux autres causes.

La première réside dans la résistance opposée

au mouvement des astres par le milieu dans lequel ils sont plongés. La question, malgré son importance et le grand nombre de faits qu'elle touche, n'a pas été tranchée définitivement. Beaucoup d'astronomes, avec Laplace, contestent cette influence ou la tiennent pour absolument négligeable. « Lorsque la seule accélération du moyen mouvement de la Lune était connue, dit Laplace, on pouvait l'attribuer à la résistance de l'éther ou à la transmission successive de la gravité. Mais l'Analyse nous montre que ces deux causes ne peuvent produire aucune altération sensible dans les moyens mouvements des nœuds et du périgée lunaire, et cela seul suffirait pour les exclure, quand même la vraie cause des variations observées dans ces mouvements serait encore ignorée. L'accord de la théorie avec les observations nous prouve que, si les moyens mouvements de la Lune sont altérés par des causes étrangères à la pesanteur universelle, leur influence est très petite et jusqu'à présent insensible.

» Cet accord établit d'une manière certaine la constance de la durée du jour, élément essentiel de toutes les théories astronomiques. Si cette durée surpassait maintenant, d'un centième de seconde, celle du temps d'Hipparque, la durée du siècle actuel serait plus grande qu'alors de 365″,25.... Les observations ne permettent pas de supposer une augmentation aussi considérable; on peut donc assurer que, depuis Hipparque, la durée d'un jour n'a pas varié d'un centième de seconde (1). »

Par contre, les physiciens, pour expliquer les phénomènes lumineux, calorifiques, électriques, réclament la présence d'un milieu éthéré dont il est difficile de ne pas admettre, à quelque degré, la résistance au mouvement des corps, si on le croit capable de mettre leurs particules en vibration. Certains savants ne sont même pas éloignés de reconnaître dans les espaces interplanétaires une matière météorique très raréfiée, qui aurait échappé jusqu'ici à la condensation progressive de la nébuleuse originaire. « Bien que l'existence d'un milieu résistant, dit M. C. Wolf, n'ait encore paru se manifester que par l'accélération du mouvement de la comète d'Encke et ne semble pas avoir altéré les mouvements des planètes ou de leurs satellites depuis les temps historiques, il n'en est pas moins vrai

(1) *Exposition du système du monde*, 6e édition, page 249.

que le sentiment unanime des astronomes admet que les espaces interplanétaires ne sont pas absolument vides. Newton écrivait que les mouvements des grands corps célestes se conservent *plus longtemps* que celui des projectiles lancés dans l'air, parce qu'ils ont lieu dans des espaces *moins résistants*. Des milliers d'années ne suffisent pas à rendre sensible la résistance du milieu éthéré, ni celle du milieu météorique sur le mouvement des planètes : est-il permis d'affirmer que cette résistance est nulle et qu'elle ne se manifestera pas par un rétrécissement de leurs orbites au bout d'un temps suffisamment long (1)? »

Si la résistance du milieu météorique n'est pas certaine dans l'intérieur du système solaire, à plus forte raison paraît-elle improbable dans les immenses espaces qui séparent les étoiles. D'ailleurs ce ne serait sans doute là qu'une occasion de transformation de la force vive en énergie physique. Quant au milieu éthéré, s'il existe, il doit s'étendre dans toutes les parties de l'Univers visible, puisque la lumière nous arrive par son

(1) *Les hypothèses cosmogoniques*, par M. C. Wolf, membre de l'Institut, astronome de l'Observatoire, page 97.

intermédiaire. Sa résistance, quand on l'aura reconnue au sein de notre système, devra donc être admise sur l'ensemble des astres du firmament. Mais jusqu'ici elle demeure problématique.

La seconde cause de déperdition semble moins discutable et plus efficace. Je veux parler du rayonnement incessant du Soleil et des étoiles dans les espaces célestes. Le Soleil, pour nous en tenir provisoirement à lui, émet une quantité prodigieuse de rayons lumineux, calorifiques, chimiques, etc., dont une bien faible partie est reçue par les astres qui gravitent autour de lui. On compte qu'un rayon à peine sur soixante millions est intercepté par les planètes et leurs satellites. Tout le surplus se disperse dans l'espace, sans concourir, du moins en apparence, à aucun des phénomènes qui nous sont familiers. Que devient cette énorme provision d'énergie? Est-elle aliénée sans retour et s'éteint-elle dans les ébranlements indéfinis de l'éther, comme vont s'élargissant et disparaissant peu à peu les rides circulaires produites à la surface de l'eau par la chute d'un corps solide? Est-elle, au contraire, restituée au Soleil par quelque mécanisme ignoré, de manière à assurer la permanence de son rayonnement? A défaut de cette restitution, le Soleil trouve-t-il dans d'autres combinaisons la compensation de ses pertes quotidiennes? La plupart des savants penchent aujourd'hui pour la première hypothèse et acceptent comme un fait l'affaiblissement continu de la chaleur solaire.

Il est difficile d'en donner une preuve expérimentale, car les périodes historiques sont trop courtes pour offrir des termes de comparaison exacts. Laplace remarquait que, d'après les phénomènes de la végétation, la température terrestre, et par conséquent l'intensité de la radiation solaire, n'avait pas dû varier depuis le temps des Romains. Aussi les hommes se sont-ils habitués à considérer notre astre central comme une sorte de foyer inépuisable. Laplace lui-même, dans sa mémorable théorie cosmogonique, s'abstint de conjectures sur le sort final réservé au Soleil. Mais les progrès successifs de la Géologie, de la Thermodynamique et enfin de l'Analyse spectrale fournissent à cet égard d'importantes indications.

Le refroidissement graduel de notre globe, pendant les périodes antérieures, et la persistance de la chaleur centrale ne peuvent plus être mis en doute. Géologues et physiciens les constatent de mille manières. La Terre est un astre qui, après avoir brillé d'un vif éclat, s'est éteint et a perdu une partie de l'énergie qu'il possédait à l'époque de sa splendeur. Pourquoi en serait-il autrement du Soleil qui n'est, après tout, qu'un globe terrestre de plus grandes dimensions? L'Analyse spectrale a retrouvé les mêmes matériaux dans l'un et l'autre de ces deux astres; il n'y a donc pas de motif de leur supposer une origine différente. Il est raisonnable d'admettre que placés au début dans des conditions analogues, ils auraient aujourd'hui la même température et le même aspect physique, si le Soleil n'avait pas été protégé par son immense volume contre le refroidissement qui a sévi si fortement sur la Terre et sur les astres de faibles dimensions. Le sort présent de notre globe, l'encroûtement et la perte d'énergie qui l'accompagne, serait donc le sort futur du Soleil. La réalisation serait une affaire de temps.

La nouvelle Thermodynamique, rapprochée de la théorie de Laplace, fortifie cette conclusion. Puisque la chaleur et le mouvement sont susceptibles de se remplacer mutuellement, pourquoi la haute température du Soleil ne proviendrait-elle pas de la condensation de la nébuleuse primitive, se resserrant sous l'influence de l'attraction universelle? Pourquoi, si la conception de Laplace est exacte, le travail mécanique engendré par le rapprochement graduel des molécules ne se retrouverait-il pas, sous forme de chaleur, dans l'astre consolidé? Les physiciens ont essayé de calculer la provision de calorique développée par une aussi gigantesque opération. « M. W. Thomson a montré, dit M. C. Wolf, que la contraction du Soleil, depuis un volume infini jusqu'à son volume actuel, engendrerait 18 millions d'années de chaleur, c'est-à-dire 18 millions de fois la chaleur que cet astre rayonne aujourd'hui en un an. Suivant qu'on supposera que le Soleil perdait, dans les âges antérieurs, plus ou moins de chaleur qu'il n'en émet actuellement, la théorie dynamique fixera l'âge de cet astre à un nombre d'années inférieur ou supérieur à 18 millions d'années (1). »

On peut contester certains éléments de ce

(1) *Les hypothèses cosmogoniques*, page 29. — La supposition d'un volume infini de la nébuleuse, faite par M. W. Thomson, ne change pas sensiblement les chiffres qu'on

calcul; on peut dire, par exemple, que, pendant les premières périodes de la condensation, les conditions du rayonnement devaient être tout autres qu'aujourd'hui; on peut penser que la température initiale de la matière a été très basse ou très élevée, que le volume de la nébuleuse a été immense ou relativement restreint. Tout cela fera varier le chiffre de la durée, mais ne changera pas le fond des choses. Il demeurera acquis, avec cette théorie, que le Soleil a reçu une provision limitée d'énergie, que cette provision a diminué et qu'elle est destinée à s'épuiser au bout d'un certain délai.

Les géologues trouvent en général la durée de M. Thomson trop courte. Les phénomènes accomplis à la surface de la Terre leur paraissent nécessiter un espace de temps sensiblement plus long. Suivant les estimations les plus modérées, la formation de la croûte terrestre aurait occupé 20 à 25 millions d'années (¹).

Ces indications concordantes, sans constituer une preuve irréfutable, comme le seraient des

---

obtiendrait avec un volume s'étendant seulement huit ou dix fois au delà du rayon orbital de Neptune.

(¹) Voir notamment le *Traité de Géologie* de M. de Lapparent, page 1255.

mesures directes et précises, n'en donnent pas moins une assez haute probabilité à l'opinion d'après laquelle l'énergie de notre système est en voie constante de diminution. La conception hardie et brillante de Kant, qui a pu séduire à une époque, ne saurait donc plus aujourd'hui être soutenue sérieusement, quoiqu'elle ait été reprise par certains auteurs. Si les diverses parties du système solaire étaient effectivement précipitées un jour les unes sur les autres, comme l'imaginait le grand penseur allemand, par suite de la résistance du milieu éthéré ou par toute autre cause, elles seraient incapables de régénérer, à l'aide de ce choc formidable, la chaleur primitivement incorporée dans la nébuleuse, et de fournir les éléments d'une nouvelle condensation équivalente à l'ancienne. Non seulement les astres arriveraient au contact après avoir perdu, par leur frottement contre le milieu, une notable portion de leur force vive, mais l'énergie calorifique ou lumineuse serait, à ce moment, singulièrement affaiblie. Pour ce double motif, la nébuleuse reconstituée serait à une température beaucoup moins élevée; les nouveaux astres posséderaient des mouvements fort inférieurs, en vitesse et en amplitude, à ceux des astres actuels.

Si de notre système nous passons aux divers mondes qui composent l'Univers visible, nous arriverons à des conclusions analogues. Toutes les étoiles ont dû prendre naissance dans des conditions peu différentes de celles où le Soleil s'est formé. La constatation d'un certain nombre de matériaux identiques et plusieurs autres points de ressemblance portent les astronomes à penser que l'origine de tous ces astres est commune et que les phases traversées se succèdent dans le même ordre. Sans doute les étoiles ne sont pas parvenues au même degré de refroidissement. Fussent-elles contemporaines, elles ont dû avancer dans cette voie d'un pas fort inégal. Les plus petites, qui avaient emmagasiné, par la contraction nébulaire, une moindre quantité de chaleur, ont en outre, à raison de leurs dimensions restreintes, fait des pertes plus rapides. La température des diverses étoiles doit donc présenter aujourd'hui des différences notables; mais toutes ont souffert d'une déperdition graduelle.

L'aspect des cieux, ajoutent les astronomes, confirme cette manière de voir. Les astres offrent en effet entre eux des variétés d'éclat et de couleur, qui justifient leur classement en trois catégories :

1° Les étoiles dont la lumière est absolument blanche et qui paraissent n'avoir rien perdu de leur éclat primitif. Elles représentent environ 60 pour 100 du nombre total;

2° Celles dont la lumière commence à jaunir et dont la température a déjà dû baisser. Elles figurent pour un peu plus du tiers, soit 35 pour 100, dans le total. Notre Soleil, pourtant si éblouissant, appartient à cette catégorie;

3° Enfin celles qui sont entrées franchement dans la période d'extinction et dont la lumière est devenue rougeâtre. Elles forment 5 pour 100 du total. A ce groupe appartiennent la plupart des étoiles chez lesquelles on a remarqué de singulières intermittences comme si elles étaient sur le point de s'éteindre définitivement.

« Évidemment, dit M. Faye, ces trois types d'étoiles répondent à des phases de plus en plus avancées de refroidissement. L'hydrogène est libre dans les deux premiers ordres; dans le troisième, il disparaît, engagé qu'il est dans certaines combinaisons [1]. »

---

(1) *Sur l'origine du monde,* 2e édition, page 201. *Voir* aussi l'Ouvrage déjà cité du R. P. Secchi.

Quel est le sort de cette énergie, qui s'échappe ainsi, par rayonnement, de tout l'Univers visible comme du système solaire, et dont nous avons peine à concevoir l'anéantissement pur et simple? Disparaît-elle définitivement dans les profondeurs de l'espace, ou sert-elle à entretenir des phénomènes dont nous n'avons présentement aucune idée? La Science est impuissante à répondre à cette question et, jusqu'à plus ample informé, nous enregistrons, sans commentaire, la réduction dont la surface des astres porte la trace.

Le principe de l'invariabilité de l'énergie est donc une conception plutôt métaphysique que scientifique. L'étude impartiale de la Nature ne l'autorise pas. Il n'en est pas de cette loi comme de celle de l'égalité entre l'action et la réaction ou de celle de l'indépendance des mouvements. Ces dernières ne sont point subordonnées au temps et aux vicissitudes de l'Univers. Lors même que l'intensité de toutes les forces viendrait à s'affaiblir, il ne s'ensuit nullement qu'elles cesseraient, à aucune phase de leur dégradation, d'être exactement réciproques, ni que les mouvements se combineraient désormais suivant d'autres lois. Mais le fait de la conservation de l'énergie n'a pas les mêmes caractères. Constaté dans une période bornée de l'histoire, il devient de moins en moins certain, à mesure qu'on embrasse les grandes périodes de la Cosmogonie. L'état véritable semble être la déperdition, causée soit par la résistance du milieu éthéré, soit surtout par l'entretien de ces myriades de flambeaux qui illuminent le ciel. L'Univers n'échapperait donc pas à la loi ordinaire : il ne vivrait qu'en consommant de la force et en marchant vers l'épuisement final. Tel est du moins le dénouement que la Science moderne laisse entrevoir. A défaut d'une certitude qu'elle ne pourra sans doute jamais donner, elle interdit en tout cas l'affirmation contraire.

C'est une déception pour l'esprit, il ne faut pas se le dissimuler, que cet ébranlement d'un principe si conforme à nos aspirations naturelles. Nous aimons à nous reposer dans le stable et le permanent. Dès que la conservation de la masse nous a été annoncée par les chimistes, dès qu'ils nous ont attesté sa résistance invincible à toute destruction, nous avons éprouvé une réelle satisfaction philosophique. Pour la même raison nous avions enregistré avec empressement les grandes lois du mouvement, marquées au caractère de perennité, et celle de la gravitation universelle, qui paraît également défier les atteintes du temps. Il nous plairait aussi de considérer l'Univers comme un immense réservoir de forces, dans lequel tout s'absorbe et se renouvelle, et qui garderait indéfiniment en soi la capacité de durer. Mais les récentes découvertes doivent mettre en garde contre cette opinion et commandent une grande réserve. L'énergie n'augmente pas : par ce côté elle est bien invariable; mais elle diminue peut-être et rien ne prouve qu'elle n'accompagne pas le temps dans son écoulement irrévocable.

CHAPITRE VIII.

DE LA CONSTANCE DES LOIS DE LA NATURE.

Ce qu'on vient de lire provoque une légitime interrogation sur la « Constance des lois de la Nature ». Peut-on parler de constance, quand on aperçoit ou qu'on soupçonne dans l'Univers de si grands changements? Et si les lois ne sont pas constantes, que devient l'idée même de loi? Faut-il donc rejeter un adage aussi répandu? Ou, s'il est permis de le conserver, quel sens alors faut-il lui donner?

D'une manière générale, personne n'en doute, la Nature est soumise à des lois. Les phénomènes ne s'accomplissent pas au hasard, accidentellement, en affectant des formes variables et fugitives. Ils suivent des règles fixes et, les circonstances étant les mêmes, ils se déroulent dans le même ordre, avec les mêmes péripéties. Un corps tombe aujourd'hui d'une certaine hauteur; il ne tombera pas demain d'une façon différente. L'eau entre en ébullition à une certaine température; cette température ne variera pas dans les expériences ultérieures. L'air atmosphérique comprimé développe une certaine force de tension pour une certaine réduction de volume; cette force de tension se retrouvera la même pour une égale réduction, si les autres conditions ne changent pas.

La croyance à l'existence des lois ou au moins de quelques lois est aussi ancienne que l'humanité. Mais elle n'a pas toujours eu le degré de netteté et le caractère de généralité que nous lui voyons aujourd'hui. Aux premiers âges, les foules ignorantes et souvent même les esprits cultivés faisaient une large part à l'imprévu et à l'arbitraire dans les phénomènes physiques. De là l'institution de divinités ou de génies, dont la volonté ou le caprice enfantait les faits les plus marquants et en apparence le plus en dehors du cours ordinaire des choses. Nous retrouvons encore aujourd'hui la même tendance chez les peuplades sauvages. Mais dans les sociétés civilisées de pareils écarts de jugement sont très rares. Même quand l'explication d'un phénomène fait défaut, même quand il revêt des formes singulières et semble en contradiction avec des vérités acquises, les esprits scientifiques ne sont jamais tentés d'y voir une dérogation réelle aux lois établies. Ils admettent, soit que l'observation a été défectueuse, soit que des causes encore inconnues, mais parfaitement régulières, ont occasionné l'apparente anomalie.

Cette dernière circonstance, l'intervention de causes ignorées en concurrence avec la cause connue, retarde bien souvent la détermination exacte des lois et s'oppose à l'admission d'une formule strictement mathématique. Car les phénomènes ne s'offrent guère à notre examen comme le produit d'une cause unique et comme engendrant à leur tour un effet unique. Presque toujours ils résultent d'un concours de causes multiples et ils réagissent dans des directions diverses. Nous ne sommes pas en présence de séries linéaires distinctes et facilement discernables, pareilles à des chaînes où chaque anneau se rattacherait exclusivement au précédent et au suivant. Mais les séries s'entrecroisent; chaque anneau se rattache à la fois à plusieurs autres et devient ainsi un centre de convergence et un foyer d'irradation d'actions nombreuses. L'enchaînement que produirait la cause unique est dès lors difficile à suivre et à préciser. Son action est troublée ou masquée par de singuliers mélanges, par ce qu'on pourrait nommer des *interférences*. La force intérieure développée par la compression d'un gaz ne dépend pas seulement de la réduction du volume, elle dépend aussi de la température. Celle-ci, à son tour, ne dépend pas seulement de la quantité de chaleur fournie au gaz, mais elle varie selon que le gaz est voisin ou non de son point de liquéfaction. Plusieurs lois se combinent donc pour déterminer le phénomène observé, et en se combinant elles voilent mutuellement leurs formules respectives. Aussi peut-il être très difficile d'obtenir l'expression vraie de la loi spéciale dont on poursuit l'étude. Cette difficulté redouble quand certaines causes concourantes sont non seulement mal définies, mais ignorées dans leur existence. Le physicien pourrait alors être tenté de renoncer à la solution du problème, s'il n'était soutenu dans sa recherche par la forte conviction que rien ne se passe au hasard et que les apparentes anomalies sont dues à notre défaut de science.

Il n'est pas toujours nécessaire que deux causes différentes se pénètrent, pour amener le trouble apparent et l'irrégularité. Il suffit qu'une seule cause agisse à la fois sur plusieurs corps et que ceux-ci, en vertu de la même loi, réagissent les uns sur les autres. Le mouvement d'une planète autour du Soleil est un problème des plus faciles; tout écolier le résoudrait en se jouant, si les deux astres étaient isolés dans l'espace. Mais qu'un troisième corps intervienne, au nom de la même loi d'attraction, et aussitôt la question se complique au point de surpasser les ressources de l'Analyse. Réciproquement, les dérogations à la formule simple peuvent être l'indice, non pas d'une correction à introduire dans la loi supposée, mais de la présence de quelque corps demeuré jusqu'alors inaperçu. C'est ainsi que Le Verrier fut amené à sa mémorable découverte et put assigner d'avance par le calcul la place de la planète Neptune. De tels événements n'enrichiraient pas l'Histoire des Sciences, si la croyance en la fixité des lois n'était pas à ce point enracinée dans l'esprit des géomètres et des physiciens.

Comment cette croyance se concilie-t-elle avec les faits relatés au Chapitre précédent et dont la connaissance est regardée à bon droit comme une des grandes conquêtes de la Science moderne? Comment, d'une part, la constance des lois de la Nature est-elle affirmée, et comment, d'autre part, nous résignons-nous à la décroissance éventuelle de l'énergie dans l'Univers?

Dans le domaine physique, une *cause* est un phénomène d'ordre supérieur, au delà duquel nous ne savons pas ou nous ne voulons pas remonter. Les mouvements des corps célestes sont déterminés par la gravitation. Mais qu'est-ce qui engendre la gravitation? Nous l'ignorons, et c'est pourquoi nous acceptons la gravitation comme cause. Un train de chemin de fer est remorqué par une machine à vapeur. La combustion de la houille est la cause directe du travail effectué par la machine. Nous n'allons pas plus loin, quoique nous en eussions le moyen, et nous établissons la relation entre la consommation de charbon et le poids transporté. Nous jugeons inutile, au point de vue industriel, de rechercher comment la houille s'est formée pendant les périodes géologiques. Bref, nos observations portent sur des phénomènes consécutifs; nous ne remontons jamais à la cause, telle que l'entendent les métaphysiciens, c'est-à-dire au premier anneau de la chaîne, en admettant que la chaîne ait un premier anneau. Nous nous arrêtons à un point intermédiaire, marqué par notre savoir ou par les besoins de notre esprit, et c'est là que nous plaçons l'origine de notre enchaînement scientifique, ou la cause *relative* des phénomènes dont nous étudions la série.

Quand on parle de la constance des lois, vise-t-on ces phénomènes consécutifs, ou le phénomène supérieur d'où ils procèdent? Entend-on la permanence des règles qui rattachent chaque phénomène au suivant, ou l'invariabilité du phénomène supérieur? Voici, par exemple, un corps qui tombe, d'une certaine hauteur, à la surface du sol. Il acquiert une vitesse en rapport avec la hauteur, et les espaces parcourus sont proportionnels aux carrés des temps. Deux choses sont à distinguer : l'intensité de la pesanteur et la loi d'après laquelle elle agit. Si cette intensité devenait jamais plus faible, la vitesse acquise au bas de la chute serait alors moindre et le temps employé serait plus long. Mais la proportionnalité des espaces parcourus aux carrés des temps, qui est la vraie loi de la chute, subsisterait toujours. La lumière du Soleil se transmet avec une vitesse de 300 000 kilomètres par seconde et son intensité, appréciée de points diversement éloignés, décroît comme le carré de la distance. Si, dans la suite des siècles, l'éclat du Soleil diminue, comme le prévoient les astronomes, l'intensité de la lumière reçue en un point diminuera en proportion, mais la loi de transmission ne sera pas entamée. La vitesse sera encore de 300 000 kilomètres par seconde et la réduction en raison du carré de la distance. Les savants de l'avenir, enregistrant ces changements, seront en droit de dire que la cause ou le phénomène supérieur a varié, mais ils ne diront certainement pas que les lois de la Nature sont différentes.

Il est un grand nombre de faits qui peuvent donner lieu à ce genre de considérations. Supposons qu'à la longue les actions auxquelles nous avons déjà fait allusion (frottements des marées, inductions électriques, etc.) amènent un ralentissement dans la rotation du globe terrestre. Ce ralentissement accroîtra l'intensité sensible de la pesanteur, laquelle est une différence entre la pesanteur réelle et la force centrifuge. Les corps tomberont donc plus vite ou emploieront un nombre moindre de secondes (actuelles) pour arriver au bas de leur chute (1). Cependant la

(1) La réduction du nombre des secondes sera doublement

loi de la chute des corps graves ne sera pas altérée, et si l'on savait faire la correction exacte due à la diminution de la force centrifuge, on retrouverait identiquement les mêmes chiffres. Supposons également que la résistance du milieu éthéré ou météorique entraîne un changement dans l'orbite terrestre. La vitesse angulaire autour du Soleil augmentera et en même temps le rayon diminuera. La Terre, en se rapprochant du Soleil, recevra une plus grande quantité de chaleur et, selon que cet accroissement l'emportera ou non sur l'affaiblissement de la radiation solaire, la Terre se réchauffera ou elle se refroidira. Quel que soit le sens du phénomène, une foule d'autres phénomènes consécutifs s'en ressentiront à leur tour. Si la Terre se refroidit, l'abaissement de la colonne barométrique avec la hauteur sera plus rapide, et la résistance au mouvement des projectiles, à la surface du globe, sera plus forte, à raison de la densité plus grande des couches traversées. Il

---

sensible, car, la rotation du globe étant ralentie, la durée du jour sera augmentée et par suite la nouvelle seconde aura une valeur intrinsèque plus grande. Il en faudrait donc un nombre moindre pour la chute, quand même la durée absolue de celle-ci n'aurait pas diminué.

serait cependant inexact d'annoncer que la loi de ces phénomènes a changé. La colonne du baromètre continuera toujours à marquer le poids des couches d'air supérieures et la résistance des projectiles sera toujours une même fonction de la vitesse et de la densité du milieu.

Enfin, quand nous envisageons la déperdition de l'énergie universelle par le rayonnement, cette grande révolution elle-même s'accomplit suivant des lois non sujettes à varier. Le refroidissement des foyers célestes, pendant chaque unité de temps, ne cessera pas d'être une fonction de la température; il dépendra au même degré de la nature des matériaux superficiels, de leur faculté d'émission, de la conductibilité intérieure. L'homme assez sagace pour discerner d'avance toutes ces particularités pourrait aussi sûrement prédire les abaissements graduels de température, qu'il le ferait pour une sphère métallique homogène suspendue dans son laboratoire. En un mot, le changement lui-même est soumis à des lois fixes. Ce qui nous échappe, c'est la connaissance du fait supérieur dont les autres changements procèdent. Nous ne pénétrons pas jusqu'à la source où la première impulsion est donnée et nous ignorons la règle immuable d'après laquelle cette impulsion se modifie avec le temps. Mais l'existence de la règle est certaine et nous nous rendons parfaitement compte que, même dans ces régions inaccessibles, rien n'est livré à l'arbitraire et au hasard.

Ainsi la constance des lois de la Nature doit s'entendre :

D'une part, de l'enchaînement des effets consécutifs, qui, en dépit de la variation des causes relativement premières, se poursuit avec des modes et suivant des formes dont le moule semble éternel ;

Et d'autre part, de l'altération de ces causes elles-mêmes, qui est également soumise à des règles fixes et dont la formule, si nous pouvions la trouver, nous apparaîtrait comme indépendante du temps et des vicissitudes observées.

Ces lois constantes sont-elles nécessaires? Auraient-elles pu être établies autrement qu'elles ne sont? Pourraient-elles, à un moment donné, faire place à d'autres lois?

Personne, je crois, ne met les lois physiques sur le même rang que les lois géométriques. On ne soutient pas que la relation entre la force et la masse soit du même ordre que la relation entre la circonférence et le rayon d'un cercle. Ce dernier rapport est étranger aux réalités matérielles. Nous ne pouvons le concevoir différent, sous peine d'ébranler les bases de la raison et d'abolir toutes les règles de la logique. Mais en quoi celles-ci seraient-elles atteintes, si la force imprimait à la masse une vitesse différente de celle que nous relevons aujourd'hui? Quel trouble ressentirait notre raison, si l'effort égal à 1 kilogramme, sollicitant la masse de 1 litre d'eau, lui faisait parcourir en une seconde un espace plus grand ou plus petit que quatre fois $\frac{9}{10}$ la quarante-millionième partie du méridien terrestre passant par Paris? Ce nombre 4,9 n'a rien de nécessaire en soi; il aurait pu aussi bien être 5 ou $4\frac{1}{2}$ ou tout autre nombre. S'il est commandé par la nature des choses, nous ne voyons pas le lien rationnel. La valeur de ce rapport reste, à nos yeux, contingente. J'en dirai autant des diverses lois enregistrées par la Physique et la Chimie. Qu'est-ce qui empêchait logiquement la capacité calorifique du fer d'être moins éloignée de celle de l'eau, ou les atomes du soufre de se combiner en plus grand nombre avec ceux de l'oxygène? Sans doute, tous ces faits sont les conséquences de l'ordre général établi; mais nous imaginons sans peine que cet ordre aurait pu comporter des chiffres différents, avec des variations correspondantes dans les phénomènes. En résumé, les lois de la Nature n'ont pas à nos yeux le même caractère que les lois mathématiques, chez lesquelles nous ne parvenons pas à concevoir la moindre altération.

Mais ces lois, contingentes à l'origine, étant aujourd'hui ce qu'elles sont, pourraient-elles désormais changer? Leur forme ou simplement leurs coefficients pourraient-ils recevoir d'autres expressions? Notre raison répugne nettement à l'admettre. Comment en effet l'ordre actuel, l'ensemble des choses existantes, pourrait-il se modifier sur quelque point sans l'intervention d'un facteur étranger à cet Univers, qui lui apporterait ce qui lui manque pour produire le changement attendu? Si l'Univers est présentement entraîné sur une pente qui l'amène vers son déclin, qu'est-ce qui l'arrêtera sur cette pente ou la lui fera remonter? D'où viendra la force qui mettra obstacle à la déperdition de l'énergie ou qui en compensera les effets? Si cette force n'existe pas déjà et n'est pas comprise dans le plan général de la Nature, d'où pourra-t-elle sortir? Où est sa cause en dehors de la Nature même? Ici, nous entrons dans un domaine étranger au physicien et où les spéculations seraient puériles. Nous avons seulement le droit de déclarer que l'Univers, dans sa constitution actuelle, ne saurait, sous peine de contradiction dans les termes, renfermer une cause capable de le changer lui-même et par conséquent de faire varier ses lois. Cette cause ne pourrait venir que du dehors, dans des conditions où la Cosmogonie est incompétente.

Les lois que nous enregistrons n'ont pas toutes, à nos yeux, une égale valeur. Nous les classons très différemment, selon que nous sommes en état de les ramener à une expression mathématique ou selon que nous ne savons découvrir aucune formule suffisamment exacte. Ce qui fait la prééminence et l'incomparable majesté de la loi newtonienne, ce n'est pas seulement son universalité, c'est peut-être davantage encore sa parfaite précision et son admirable simplicité. Un pareil exemple est malheureusement exceptionnel. Dans le règne organique surtout, nous sommes habituellement impuissants à tracer la forme mathématique des phénomènes. Nous en sommes réduits le plus souvent à des locutions assez vagues, qui ne permettent point de passer à de vraies équations et, qui dénotent simplement l'existence de relations entrevues par nous, à travers le dédale des observations. Nous sentons, sans pouvoir les définir, la présence de liens naturels et constants, qui doivent assurer la permanence et la régularité des successions de faits dont nous sommes témoins. Dans le règne inorganique, nous réussissons à serrer le sujet de plus près, mais la tâche qui reste est immense. Le nombre des lois purement empiriques ou jusqu'ici rebelles à une formule rigoureuse constitue encore la très grande majorité.

Le but de la Science est précisément d'amener ces lois approximatives à un degré d'exactitude conciliable avec l'emploi d'une équation algébrique. L'Astronomie, la théorie de la chaleur, celles de la lumière, de l'acoustique, et d'autres encore, sont devenues, grâce au travail accumulé des générations, de véritables annexes des Mathématiques; souvent même elles ont enrichi celles-ci, grâce aux nouveaux procédés de calcul dont elles ont fait sentir la nécessité.

Cette lente élaboration, qui tend à faire passer sans cesse nos connaissances de l'état empirique à l'état exact ou rationnel, rencontre sa principale difficulté dans l'entrecroisement des séries ou dans la complexité des phénomènes observés. Heureusement, l'expérience met en évidence ce fait général et rassurant : « Mieux une cause a pu être isolée, plus sa loi est simple ». L'enchaînement des effets dus à une cause unique, quand on est parvenu à les bien dégager, revêt une forme propice à l'intervention des Mathématiques. Les expressions compliquées, à termes plus ou moins approximatifs, sont presque toujours l'indice d'une pénétration, d'une interférence de causes diverses. La loi de gravitation ne se trouble qu'aux très petites distances, où son action propre est vraisemblablement contrariée par des forces d'un autre genre. Aussi préfère-t-on en général admettre, à ces distances, l'interférence des actions moléculaires avec la gravité, et conserver ainsi à la loi newtonienne sa simplicité grandiose.

L'antiquité avait dit par la bouche de Pythagore : « Les nombres gouvernent le monde. » Ce qui pouvait sembler alors une vue mystique a pris une signification plus précise, depuis les découvertes de la Science moderne. Nos algorithmes et leurs combinaisons, c'est-à-dire le langage mathématique, tel que les hommes ont su le créer, se prête merveilleusement à exprimer les opérations de la Nature. Entre le monde extérieur et notre intelligence, il se révèle une *adéquation* singulière, dont nous ne sommes pas les auteurs. Car les principaux de ces algorithmes et leur usage abstrait avaient été conçus par les géomètres longtemps avant que leur application aux réalités matérielles fût mise en honneur par les astronomes et les physiciens. Des formules imaginées pour des spéculations théoriques se sont trouvées après coup en exacte correspondance avec les phénomènes naturels et en sont devenues la traduction la mieux appropriée. Ce résultat n'était pas facile à prévoir. Qui pouvait se douter que la loi des surfaces sphériques, reconnues proportionnelles aux carrés de leurs rayons, serait un jour la loi de décroissance de la gravité et des autres forces rayonnantes? Qui aurait pu croire que le sinus géométrique jouerait un rôle dans l'indice de la réfraction de la lumière, et que l'équation de l'hyperbole équilatère exprimerait la loi de compression des gaz parfaits? Qui supposait, en jetant les fondements de l'Arithmétique, que la série des nombres impairs représenterait les espaces parcourus par un corps tombant librement dans le vide, pendant les périodes consécutives de sa chute?

On connaît les belles spéculations auxquelles les géomètres grecs s'étaient livrés sur les sections coniques. Apollonius de Perga avait conquis une gloire immortelle en mettant à nu les propriétés de ces courbes, conçues de la façon la plus abstraite, puisqu'elles résultaient de l'intersection d'un cône par un plan diversement incliné sur l'axe. A cette même époque, les véritables lois de l'Astronomie étaient ignorées et devaient continuer à l'être longtemps encore. Le mouvement circulaire était assigné aux astres, comme paraissant « le plus parfait de tous ». Plusieurs siècles après, un observateur de génie, cessant de se confiner dans les méditations du cabinet, pour regarder attentivement dans le ciel, constate, à la suite de patientes recherches, que la trajectoire de chaque planète autour du Soleil est précisément une de ces sections fameuses, dont l'étude avait tant captivé l'antiquité. Les courbes d'Apollonius deviennent les lois de Képler. Newton, à son tour, démontre que la force capable de faire décrire à la planète une semblable courbe est dirigée vers le Soleil, et que son intensité se modèle sur les variations des surfaces sphériques dont la distance au Soleil est le rayon. Ainsi, des conceptions écloses dans le cerveau des géomètres grecs, sous l'empire de préoccupations entièrement étrangères aux phénomènes de la Nature, apparaissent à un moment donné comme réalisées par celle-ci, avec une précision qui ne laisse plus subsister aucun doute sur le mode d'action de la principale force de l'Univers.

Il est difficile de voir dans ces faits une pure coïncidence et d'attribuer au hasard d'aussi fréquentes rencontres. J'y trouve, pour ma part, la confirmation de l'opinion que j'ai déjà émise en m'occupant du Calcul infinitésimal. L'intelligence humaine et la Nature rentrent dans un plan général, en vertu duquel la première est admirablement disposée à comprendre la seconde. Jusqu'où va cette adaptation réciproque? Dans quelles limites nous initie-t-elle à la connaissance du monde extérieur? Il ne faut point s'exagérer les rapprochements et en arriver à conclure que l'homme possède en lui-même les moyens de le deviner. J'ai combattu cette prétention. L'homme est capable de créer des moules dans lesquels rentreront plus tard les lois de certains phénomènes. Mais il ignore ces lois et il ne pourra prononcer leur conformité avec les types construits par lui, jusqu'à ce que l'observation la lui ait dévoilée. Il a imaginé les sections coniques, mais il n'a pas su qu'elles servaient de modèle aux mouvements planétaires, avant d'avoir étudié directement ces derniers. Il a pu se douter que « les nombres gouvernent le monde », mais il ignore quels sont ces nombres, s'il ne les recherche pas attentivement dans la Nature elle-même. L'homme tire avantage de sa merveilleuse aptitude à percevoir et souvent pressentir les vérités physiques, mais il commettrait la plus grave erreur si, retombant dans les habitudes anciennes, il se fiait aveuglément à de soi-disant harmonies numériques pour affirmer l'existence de certains corps ou pour leur assigner des propriétés déterminées. Il y a sous ce rapport un abîme entre la découverte de Le Verrier, s'appuyant sur la constatation formelle d'une perturbation astronomique, et la tentative de Képler cherchant dans une symétrie des nombres la raison des écarts respectifs des planètes au Soleil. Ces sortes d'inductions sont parfois vérifiées par l'événement; mais, quand elles ne procédaient pas, comme celle de Le Verrier, de résultats fournis par l'observation directe, on doit les considérer comme d'heureuses exceptions, dont la vue est plutôt faite pour séduire l'esprit que pour le conduire.

NOTES.

NOTE I.

SUR LA RÉALITÉ DE L'ESPACE ET DU TEMPS.

Je n'ai pas l'intention de m'engager sur le domaine de la Métaphysique. J'expose simplement mon état d'esprit, relativement à l'espace et au temps. D'instinct, j'ai toujours cru à leur réalité, sans pouvoir en donner d'autre raison que l'impossibilité où je me suis trouvé de penser différemment, surtout en ce qui concerne l'espace. Les arguments qui m'ont été opposés ne m'ont jamais convaincu, et je désire m'en expliquer brièvement.

On connaît l'objection classique contre la réalité de l'espace et du temps : « S'ils existaient en dehors de nous, dit-on, ils seraient nécessairement substances ou attributs. Or nous ne pouvons les concevoir à aucun de ces deux états. » Cela semble vrai, et néanmoins je me demande : Pourquoi l'espace et le temps ne peuvent-ils être des substances? Qu'est au juste une substance? Il faudrait au préalable l'avoir indiqué et montrer ensuite que l'espace et le temps ne sauraient appartenir à une telle catégorie. Or la définition de la substance n'a jamais été fort claire et elle l'est devenue moins encore depuis les découvertes de la Science moderne. Appellera-t-on, par exemple, *substance* l'agent mystérieux auquel les physiciens ont recours pour expliquer les phénomènes de la chaleur et de la lumière? Cet agent, ce milieu, ce mécanisme, comme on voudra le nommer, existe cependant, car il se révèle par des effets indiscutables. Il est d'ailleurs dépourvu des qualités sans lesquelles une substance se conçoit difficilement. Il n'a pas de poids, il n'a peut-être pas de masse; il ne tombe directement sous aucun de nos sens; en un mot, il n'a rien de ce qu'on entendait autrefois par le mot « matériel ». D'autre part, il n'est pas de l'ordre spirituel, du moins personne n'a été tenté de lui appliquer ce qualificatif. Niera-t-on dès lors sa réalité, sous prétexte que la catégorie des substances ne saurait le recevoir?

Niera-t-on également, et pour le même motif, la réalité de cet autre mécanisme, grâce auquel la gravitation se transmet dans les profondeurs de l'espace, avec une vitesse incomparablement supérieure à celle de la lumière et que Laplace qualifiait d'instantanée? Le grand Newton ne croyait pas pouvoir se passer de cet agent. Lui qui avait révélé l'attraction universelle, il écrivait à Bentley : « ... Que la gravité soit innée, inhérente et essentielle à la matière, de telle sorte qu'un corps puisse agir sur un autre corps, à distance, à travers le *vide,* sans l'intermédiaire de quelque chose par quoi et à travers quoi leur action et leur force puissent être transportées de l'un à l'autre, est pour moi une si grande absurdité, que je crois qu'aucun homme, capable de penser avec quelque compétence sur les sujets philosophiques, ne pourra jamais y tomber. La gravité doit être causée par un agent agissant constamment suivant certaines lois; mais cet agent est-il matériel ou immatériel? C'est ce que j'ai laissé à l'appréciation de mes lecteurs (1). »

---

(1) That gravity should be innate, inherent, and essential to matter, so that one body may act upon another at a distance through *a vacuum,* without the mediation of any thing else, by and through which their action and force may

L'embarras d'assigner une place à ces agents est tel que certains physiciens, entre autres M. Hirn, qui a développé magistralement cette idée dans son livre sur la *Constitution de l'espace céleste*, croient pouvoir introduire une classe nouvelle, tenant le milieu pour ainsi dire entre l'ordre matériel et l'ordre spirituel, et qui serait le grand réservoir des forces de la Nature. Cette classe appelée *dynamique* par M. Hirn, et de laquelle il exclut toute idée de masse et de poids, servirait à établir les relations, les actions à distance, entre les diverses parties de la matière.

Nous voilà bien loin de la substance, telle que la concevaient les anciens, et l'on cherche en vain le *substratum* que le mot impliquait chez eux. N'est-il pas dès lors prudent de penser avec M. Cournot que les traditionnelles catégories de

---

be conveyed from one to another, is to me so great an absurdity, that I believe no man, who has in philosophical matters a competent faculty of thinking, can ever fall into it. Gravity must be caused by an agent acting constantly according to certain laws; but whether this agent be material or immaterial, I have left to the consideration of my readers (3e lettre à M. Bentley, du 25 février 1692, citée par M. Hirn, dans son livre : *Constitution de l'espace céleste*, 1889).

substances, d'attributs et de rapports, sont probablement incomplètes et qu'il y a sans doute des choses qui échappent à une pareille classification? Le temps et l'espace seraient du nombre; ce seraient des réalités *sui generis*, comme l'éther des physiciens, l'agent intermédiaire de Newton, le milieu dynamique de M. Hirn, auxquels les anciens moules trop étroits ne sauraient s'adapter. L'espace et le temps se distinguent même entre ces réalités transcendantes, car ce sont les plus générales et les plus acceptées, celles dont l'énonciation est le mieux comprise et qui fait naître le moins d'hésitation parmi les hommes.

Emmanuel Kant a donné à l'objection une forme nouvelle, qui devait obtenir et a obtenu en effet une grande attention, car elle se rattache à une théorie d'une singulière puissance. Dans sa discussion des « antinomies de la raison pure », l'illustre philosophe s'applique à démontrer que si l'espace et le temps existaient en dehors de nous, s'ils n'étaient pas de simples formes de l'entendement, il en résulterait deux contradictions, également insolubles, savoir : 1° impossibilité de concevoir soit que le monde fût infini, soit qu'il fût limité dans l'espace;

2° même impossibilité à concevoir qu'il ait eu ou qu'il n'ait pas eu de commencement dans le temps ([1]).

Cette double antinomie est-elle aussi irréductible que le pensait Kant, à une époque où les Sciences physiques étaient loin d'avoir atteint leur développement actuel?

L'infini de l'espace est une chose; l'infini de la

([1]) La conclusion de Kant ressort avec beaucoup de netteté dans la Note ci-après de son livre *Critique de la raison pure* (traduit par J. Tissot, 2° édition, t. II, p. 137) :

« L'espace est la simple forme de l'intuition extérieure (intuition formelle), mais pas un objet réel qui puisse être extérieurement perçu. L'espace, avant toutes les choses qui le déterminent (le remplissent ou le circonscrivent), ou plutôt qui donnent une *intuition empirique* d'accord avec sa forme, et qu'on appelle *espace absolu*, n'est que la simple possibilité des phénomènes extérieurs en tant qu'ils peuvent exister en soi, ou s'ajouter encore à des phénomènes donnés. L'intuition empirique n'est donc pas composée de phénomènes et de l'espace (de la perception et de l'intuition vide). L'un n'est pas le corrélatif synthétique de l'autre, mais l'un est seulement uni à l'autre dans une seule et même intuition empirique, comme matière et forme de cette intuition. Veut-on placer l'un de ces éléments de la connaissance externe hors de l'autre (l'espace en dehors de tous les phénomènes), il en résultera toutes sortes de déterminations vaines de l'intuition externe, qui ne sont pas cependant des perceptions possibles; par exemple un mouvement ou un repos du monde dans un espace vide infini, détermination du rapport de deux choses entre elles qui ne peut jamais être perçue, et qui est par conséquent le prédicat d'un pur être de raison. »

matière en est une autre. Il n'en coûte pas, à mon sens, d'admettre à la fois que l'espace est infini et que l'Univers matériel peut avoir des bornes. La première conception a ou paraît avoir le caractère de la nécessité; la seconde est une question de fait, que nous ne sommes pas en état de résoudre et sur laquelle la discussion reste libre. L'infinité de l'Univers s'impose d'autant moins à notre raison que les indices fournis par l'observation porteraient plutôt à conclure à sa limitation effective; en tout cas, ils n'y contredisent pas.

D'ailleurs, une antinomie, fût-elle insoluble, ne constituerait pas un motif suffisant pour rejeter l'un des deux termes jugés inconciliables. C'est au nom d'un tel principe que certaines écoles en arrivent à nier la liberté humaine, faute de pouvoir l'accorder avec la prescience divine, ou *vice versa*. Quand deux idées ou deux faits sont séparément bien établis, n'est-il pas plus sage de les admettre tous les deux, même si leur coexistence n'est pas expliquée? La contradiction que nous croyons apercevoir entre eux peut tenir à notre défaut de connaissance ou à ce que notre intelligence n'est pas en état de s'élever à la vérité supérieure qui contient et réunit les deux autres.

La seule antinomie dont on ait, selon moi, le droit de se prévaloir est celle qui se révèle dans l'ordre purement logique, où l'une des deux affirmations implique le rejet de l'autre. Lorsque nous raisonnons sur le *tout* ou sur la *partie;* sur le *commensurable* ou sur l'*incommensurable ;* sur le *fini* ou sur l'*infini,* l'une des deux alternatives exclut forcément l'autre, la même réalité ne pouvant pas se présenter à la fois sous le double aspect. Les Mathématiques font un fréquent usage de ce principe, qui a donné naissance à la méthode de démonstration dite *par l'absurde*. Mais dès que nous pénétrons dans le domaine physique, quand nous voulons disserter sur la matière, sur l'espace, la création, nous ne saurions être trop circonspects dans nos déclarations d'incompatibilité.

NOTE II.

SUR L'INFINITÉ DE L'UNIVERS.

L'infinité de l'Univers n'apparaît point comme nécessaire. La raison sainement consultée n'affirme rien à son sujet. Les conceptions des anciens, comme j'ai eu l'occasion de le rappeler, tendaient plutôt à lui assigner des dimensions assez restreintes.

Pour démontrer le caractère soit fini, soit infini de la création, on a longtemps fait appel à des arguments scolastiques ou religieux, qui pouvaient se résumer ainsi :

« Supposer le monde limité, disaient les uns, c'est rabaisser la majesté du Créateur, c'est donner une bien faible idée de sa puissance, c'est aller à l'encontre des attributs dont nous nous plaisons à le revêtir. » Ou encore : « Il n'y a pas de raison pour que l'Univers occupe telle région de l'espace, plutôt que telle autre. Il doit donc occuper la totalité de l'espace et être infini comme lui. »

« Si le monde est infini, répliquaient les autres, il est nécessaire; et étant nécessaire, il a toujours été. Dès lors il n'a pas eu de créateur. Notre foi en Dieu exige donc que le monde soit limité. » Certains ajoutaient : « Toute création est d'un degré inférieur, par rapport à son auteur; le monde n'est donc pas infini, pas plus qu'il n'est parfait, exempt de tout mal, etc. »

On a peu à peu renoncé à ces arguments, qui faisaient tourner la question dans un cercle sans issue, et l'on s'est adressé aux Sciences naturelles.

Celles-ci, malgré leur supériorité sur la scolastique, ne peuvent pas procurer une solution formelle. L'infinité de l'Univers, si elle est effective, ne tombe pas sous l'observation directe. Nous n'embrassons jamais que des étendues plus ou moins grandes. Or un Univers très vaste, mais borné, peut avoir, à nos yeux, les apparences d'un Univers infini, sans que nous ayons aucun moyen de faire la vérification. Par contre, un Univers infini peut avoir les apparences de la limitation; car certaines parties peuvent être assez éloignées pour ne point figurer dans le spectacle qui nous est offert et sur lequel seul portent nos investigations.

Le problème menace donc de rester éternellement indécis. Nous pouvons tout au plus espérer d'atteindre à des probabilités. De quel côté sont-elles? Paraît-il plus raisonnable, d'après l'ensemble des indications recueillies par la Science moderne, d'admettre l'infinité de l'Univers matériel ou sa limitation?

Notre grand astronome François Arago s'est posé la question sous cette forme : « Le nombre des étoiles est-il fini ou infini? » Partisan — pour des raisons qu'il ne donne pas — de la seconde hypothèse, il s'est efforcé de la concilier avec l'aspect du ciel et les données de la Physique. Voici comment il s'exprime :

« Si le nombre des étoiles est infini, comme tout nous porte à le croire, il n'y a pas une seule ligne visuelle menée de la Terre vers les régions de l'espace, qui ne doive rencontrer un de ces astres (1). Quelle que soit la petitesse de leur étendue superficielle, les étoiles produiront par leur continuité l'aspect d'une enveloppe lumineuse sans aucune partie obscure. L'intervalle

---

(1) La réciproque n'est pas vraie. Lors même que tout rayon visuel rencontrerait une étoile, nous ne serions pas en droit de conclure que le nombre de ces astres est infini. Nous pourrions seulement dire qu'il est très grand.

compris entre deux étoiles composantes de cette sphère, placées à une certaine distance, sera rempli quelquefois par une étoile située à une distance infiniment plus grande, ce qui n'empêchera pas que sous le rapport de l'intensité les phénomènes se passeront comme si toutes les étoiles étaient attachées à une voûte sphérique et à la même distance de l'observateur. L'intensité de cette voûte serait égale partout, si toutes les étoiles composantes avaient le même éclat intrinsèque (1). En admettant que cet éclat soit

---

(1) Ce fait, d'apparence paradoxale, ne saurait étonner les personnes quelque peu familiarisées avec les lois de l'Optique. Il est la conséquence directe du principe en vertu duquel la lumière émanant d'un point rayonnant diminue en proportion du carré de la distance. Mais si, au lieu d'émaner d'un *point*, la lumière émane d'une surface rayonnante *étendue*, l'impression produite sur l'œil d'un observateur est bien différente. Supposons en effet la surface assez vaste pour qu'à toute distance le cône formé par les rayons visuels s'appuie entièrement sur elle, sans la déborder nulle part. L'augmentation de l'éloignement n'aura, en ce cas, d'autre résultat que de faire découper par le cône sur la surface rayonnante des bases de plus en plus amples et dont l'étendue intrinsèque croîtra précisément en proportion du carré de la distance. Or, nous venons de le dire, la lumière émanée de chaque point s'affaiblit dans la même proportion; il y aura donc une compensation parfaite entre cet affaiblissement et le nombre des points rayonnants, de sorte que la lumière fournie par la totalité de la base du cône gardera toujours pour l'observateur la même intensité.

égal à celui du Soleil, supposition assez naturelle, puisque le Soleil est véritablement une étoile, chaque région du ciel d'une étendue angulaire de 32′ environ nous enverrait une quantité de lumière égale à celle qui nous vient de cet astre. Les choses s'offrent à nous sous un aspect bien différent. Comment tout expliquer sans renoncer à l'idée d'un espace infini parsemé d'étoiles dans toute son étendue ! »

La limitation du nombre des étoiles eût semblé la conclusion logique de cet exposé. Mais Arago, placé, je l'ai dit, à un autre point de vue, poursuit en ces termes :

« Il est peu concevable que les deux savants que je viens de nommer (Olbers et Chéseaux de Lausanne, qui s'étaient occupés antérieurement de la même question) n'aient ni l'un ni l'autre eu l'idée que, dans le nombre infini d'étoiles dont ils supposent l'espace indéfini parsemé, il doit y en avoir un nombre infini de complètement obscures et opaques. Cette simple observation renverse, ce me semble, leurs calculs par la base et réduit à néant les conclusions qu'ils en ont tirées. N'est-il pas évident que l'ensemble de toutes ces étoiles obscures et opaques doit former comme une enveloppe indéfinie en dehors de laquelle rien ne peut être visible, les rayons de chaque étoile située au delà des dernières parties constituantes de cette enveloppe rencontrant sur leur route un écran qui les arrête [1]? »

Cette explication, malgré l'autorité d'Arago, ne me paraît pas très facile à accepter. Non seulement elle ne concorde pas avec l'ensemble des idées reçues en Cosmogonie, mais elle rend mal compte de la très grande inégalité qu'on observe dans la distribution des astres lumineux. Pourquoi ceux-ci trouveraient-ils devant eux tant d'astres obscurs dans certaines régions du ciel, et si peu dans d'autres? D'où viendrait le contraste entre ces parties tellement vides et obscures, qu'elles ont reçu des astronomes et des marins le nom significatif de *sacs à charbon*, et ces parties tellement peuplées et brillantes, qu'on les a prises longtemps pour des amas continus de matière en voie de condensation?

Les astres obscurs, cause de ces irrégularités d'aspect, ne seraient d'ailleurs pas des corps secondaires, tels que les planètes et leurs satellites

---

(1) *Astronomie populaire*, tome Ier, page 383.

— car leurs dimensions ne correspondraient pas à de pareils effets d'occultation —; mais ce seraient, comme l'énonce expressément Arago, de véritables soleils éteints. Comment concevoir deux créations ainsi enchevêtrées l'une dans l'autre, l'une épuisée et l'autre en plein épanouissement? Pourquoi auraient-elles surgi dans une même région de l'espace, à deux époques si différentes? Et si l'on admet que les astres éteints sont simplement les plus anciens d'une création unique, pourquoi voyons-nous si peu d'étoiles rougeâtres ou sur le point de s'éteindre? C'est le contraire que nous devrions constater.

D'autre part, les étoiles n'étant pas fixes, mais leurs déplacements devenant sensibles à la longue, les positions mutuelles des astres obscurs et des astres lumineux devraient varier incessamment, et nous assisterions à de fréquentes apparitions et disparitions d'étoiles. Or ces phénomènes sont rares et ils se concilient mal avec la manifestation d'une cause générale, embrassant l'ensemble du ciel. Les étoiles nouvelles ont varié rapidement d'éclat, plusieurs même ont subitement disparu, et ont laissé aux observateurs l'idée d'une résurrection momentanée plutôt que celle d'une occultation qui aurait pris fin.

Deux autres explications ont été proposées pour justifier l'apparence du ciel — toujours dans l'hypothèse de l'infinité de l'Univers.

La première consiste à admettre l'existence d'un milieu interstellaire qui, sur de suffisantes épaisseurs, absorberait la totalité des rayons lumineux. Mais Arago, on l'a vu, ne s'y arrête pas et il a cru nécessaire de la remplacer, tant elle lui semblait dépourvue de base. Que pourrait être, en effet, ce milieu interstellaire d'une imparfaite transparence? Serait-ce une matière cosmique très clairsemée, qui aurait échappé à la condensation générale d'où sont sortis les astres actuels? Mais si cette matière se peut, à la rigueur, concevoir au voisinage des astres eux-mêmes, par exemple à l'intérieur de notre système solaire — où sa présence n'est d'ailleurs nullement démontrée — on ne se l'explique pas du tout dans les immenses déserts qui devraient s'étendre entre les derniers astres visibles et ceux, beaucoup plus éloignés, dont la lumière se trouverait ainsi absorbée au passage. A défaut d'une matière aussi problématique, attribuerait-on le phénomène d'interception à l'éther? Mais il répugne singulièrement de supposer que le mécanisme destiné à opérer la transmission de la lumière puisse lui devenir un obstacle. La gravitation qui, elle aussi, se transmet à l'aide d'un mécanisme analogue — quoique, croit-on, incomparablement plus rapide — ne paraît pas en être affaiblie, puisque à toute distance les observations les plus précises concordent exactement avec la loi newtonienne. Il est infiniment probable que la propagation de la lumière, dont la loi de décroissance est la même, n'est pas moins bien assurée. Les rayons lumineux émanés des astres les plus éloignés ne rencontreraient donc pas d'autres obstacles que ceux qui existent dans leur atmosphère et dans le système solaire. Il y aurait là une *constante*, qui affecterait indistinctement la lumière de tous les astres et qui serait indépendante de leur distance à la Terre.

La seconde explication est tirée aussi de l'éloignement. La plupart des étoiles qui peuplent l'espace infini seraient à des distances tellement grandes que leur lumière n'aurait pas encore eu le temps de parvenir jusqu'à nous. Cette hypothèse, qui n'a en elle-même rien de choquant, est toutefois peu en harmonie avec ce que nous savons de l'Astronomie stellaire. D'après les dernières découvertes, les étoiles situées aux confins de la Voie lactée, c'est-à-dire les plus distantes de la Terre, dans le vaste amas dont nous faisons partie, emploieraient environ quinze mille ans pour nous envoyer leurs rayons (1). D'autre part, les physiciens partisans de la condensation nébulaire, tels que M. Helmholtz et M. W. Thomson, attribuent au système solaire un âge de quinze à vingt millions d'années. Les géologues, nous l'avons dit, vont au delà de ce terme et réclament une durée sensiblement plus longue. Les plus modérés ne descendent pas au-dessous de vingt millions d'années.

Ces chiffres assurément, dans la pensée de leurs auteurs, n'ont pas la prétention d'être exacts; mais ils autorisent certains rapprochements.

Si la plus éloignée des étoiles actuellement visibles est à quinze mille ans de distance de notre globe — qu'on me passe l'expression — et si l'âge de la Terre est au minimum de quinze millions d'années, il s'ensuit que la voûte lumineuse dont l'éclat n'est pas encore arrivé jusqu'à nous

---

(1) Voir le Livre déjà cité de M. Faye, *Sur l'origine du monde*, 2e édition, page 181. Le savant astronome évalue à trente mille ans le temps nécessaire pour qu'un rayon lumineux parcoure dans sa plus grande dimension l'amas stellaire vers le centre duquel nous sommes placés.

Voir aussi *Le Soleil* du R. P. Secchi. L'estimation indiquée au tome II, page 474, est analogue à celle de M. Faye.

est mille fois plus éloignée que la dernière étoile de notre amas stellaire. Comment s'expliquer un vide aussi énorme entre notre amas et les amas les plus voisins, surtout quand on songe que l'écartement moyen des trente millions d'étoiles connues correspond seulement à une quinzaine d'années environ? Ainsi l'écart entre les dernières étoiles visibles et les étoiles encore invisibles serait un million de fois plus considérable que l'écartement moyen des étoiles connues. Une telle disproportion dans le plan général de la Nature ne paraît guère vraisemblable ([1]).

Les difficultés s'évanouissent si l'on se décide à admettre que le nombre des étoiles est actuellement limité.

M. Boussinesq a formulé une observation

([1]) On fera sans doute observer qu'à des distances bien inférieures à celles dont nous venons de parler il peut se trouver des étoiles dont nous ne percevons pas la lumière, non parce qu'elle ne nous est pas encore parvenue, mais parce que, à raison de l'éloignement, elle ne fait pas sur nos organes une impression assez vive. C'est possible pour des étoiles isolées ou des groupes restreints, dont l'éclat s'atténue effectivement en proportion du carré de la distance, mais ce ne serait pas vrai d'une surface lumineuse continue, comme celle qui, d'après Arago, résulterait d'un nombre infini d'étoiles.

qui me semble justifier la même conclusion. « On sait, en effet, dit-il, que la loi de Newton attribue à deux couches matérielles de même densité une égale attraction sur un atome donné, quand, vues de cet atome, elles présentent une égale surface apparente, ou occupent le même champ angulaire, et qu'elles ont, en outre, leurs épaisseurs égales dans le sens des rayons visuels ainsi menés. Cette loi n'est donc pas propre à faire tendre vers zéro ou du moins vers une limite finie, l'attraction supportée par un atome, suivant une certaine direction, de la part de toute la matière très éloignée qui se trouve à l'intérieur d'un petit angle solide ayant l'atome pour sommet et comprenant entre ses arêtes la direction considérée; vu que cette matière est décomposable, par des sections transversales, en un nombre illimité de couches d'épaisseur finie et de même grandeur apparente (1). »

Or en fait, l'attraction en un point de l'espace n'est pas infinie; elle a une valeur relativement faible. Il faut dès lors ou que la quantité totale de matière soit limitée, ou que la loi de Newton

---

(1) *Étude sur divers points de la Philosophie des Sciences,* par M. J. Boussinesq, membre de l'Académie des Sciences; page 81.

cesse d'être exacte au delà d'une certaine distance. M. Boussinesq, sans exclure précisément la première hypothèse, se prononce en faveur de la seconde : « A ce propos, dit-il, j'observerai que si, en effet, aucune quantité concrète n'est indéfiniment divisible, l'attraction exercée sur un corps déterminé par un autre qui s'en éloigne de plus en plus doit enfin, après avoir décru autant que possible conformément à la loi de Newton, s'annuler en toute rigueur objective, quand la distance dépasse une certaine limite, non évaluable pour nous. Cette limite serait le véritable rayon d'activité de l'attraction des deux corps : sa mise en compte permettrait d'expliquer, de la manière la plus naturelle, comment, malgré l'immense étendue de l'Univers et la valeur appréciable de la densité moyenne de la matière dans toute cette étendue, la pesanteur (ou *force de gravitation*) en chaque point de l'espace est toujours finie, et paraît même souvent très petite par rapport aux actions exercées, à d'imperceptibles distances, entre des quantités de matière minimes. »

Les physiciens accepteront-ils que cette magnifique loi de la gravitation universelle, dont l'expression est si simple et répond si bien à nos idées sur le mode d'action des forces rayonnantes, dont l'exactitude a été vérifiée dans des circonstances si nombreuses et si variées, doive se trouver en défaut au delà d'un certain degré d'éloignement des corps? Quant aux astronomes, leur confiance ne paraît pas sur le point d'être ébranlée. Toutes les fois qu'ils relèvent le plus léger écart entre les résultats du calcul et ceux de l'observation, ils n'accusent jamais la formule de Newton; mais ils admettent sans hésiter que leurs mesures ont été mal prises ou qu'ils ont négligé quelque élément étranger agissant à leur insu.

A la vérité les distances auxquelles M. Boussinesq fait allusion sont incomparablement supérieures aux dimensions du système solaire. Néanmoins la loi fonctionnant avec une précision admirable depuis la Lune jusqu'à Neptune, c'est-à-dire dans un champ d'activité dont le rayon varie de 1 à 12000, il semble, si des écarts devaient se manifester plus loin, qu'il en serait un peu de cette loi comme d'une ligne qui, après avoir été droite sur une immense longueur, deviendrait courbe dans la suite de son développement. On comprend la loi cessant d'être exacte ou plutôt de le paraître, quand les corps approchent du contact; car il peut se développer alors entre les particules de la matière des actions nouvelles, qui se superposent à la gravitation proprement dite et en masquent les effets. Mais comment ces actions prendraient-elles naissance quand, au contraire, les corps s'éloignent davantage?

L'argument tiré de la non-divisibilité à l'infini des quantités concrètes n'est pas, à mon avis, applicable. Il ne s'agit pas ici, on le remarquera, de subdiviser une force en subdivisant le corps d'où elle provient; en ce cas la division de la force s'arrêterait nécessairement là où s'arrête la division de la matière. Mais il s'agit de diminuer son intensité en augmentant la distance, ce qui a la plus grande analogie avec la division indéfinie des étendues géométriques.

Quant à la faiblesse de l'attraction universelle, nonobstant l'énorme quantité de matière qui nous environne, elle s'explique tout naturellement, si l'Univers est limité. Car l'attraction exercée par lui sur notre globe est du même ordre que la quantité de lumière qu'il nous envoie, l'une et l'autre obéissant à la loi de décroissement en proportion du carré de la distance. Or, par suite de leur immense éloignement, les trente millions d'étoiles aperçues avec le télescope équivalent à 320 fois seulement une étoile de première grandeur. Les étoiles plus éloignées encore, et dont la lumière ne nous impressionne pas, exercent, pour la même raison, une attraction insignifiante.

La Cosmogonie moderne incline l'esprit dans le même sens. D'après la théorie de Laplace, aujourd'hui généralisée, l'espace aurait été, à une certaine époque, rempli d'une matière prodigieusement ténue et rare, comprenant à l'état de dissociation et de diffusion extrême tous les éléments des mondes futurs. Dans ce milieu soumis à la loi universelle de la gravitation, et sous l'influence de circonstances dont je dirai un mot tout à l'heure, des centres d'attraction ont dû lentement se former. La matière s'est peu à peu rassemblée autour de ces centres, et ainsi se sont dessinées, dans le chaos général, des alternances de parties plus pleines et de régions tendant à se vider.

Telle serait la première ébauche des différents systèmes solaires. Chacun d'eux, à son tour, encore à l'état nébulaire, aurait été le théâtre d'un travail intérieur analogue. Laplace, qui avait restreint sa théorie à notre propre système, montre l'astre central s'affermissant de plus en plus, tandis que les planètes se forment successivement, aux dépens d'anneaux concentriques (comme ceux de Saturne) qui se rompent et se condensent. Ce dernier point n'est pas exempt de difficultés. Néanmoins, l'ensemble de la conception est admis, à des variantes près, par un grand nombre d'astronomes.

La gravitation seule ne suffit pas à rendre compte de ces phénomènes. Si le chaos primitif avait été en repos, les astres engendrés par la condensation eussent été immobiles. « Les matériaux (de l'Univers), dit M. Faye, soumis d'ailleurs à leurs attractions mutuelles, étaient dès le commencement animés de mouvements divers qui en ont provoqué la séparation en lambeaux ou nuées. Ceux-ci ont conservé une translation rapide et des gyrations intestines extrêmement lentes. Ces myriades de lambeaux chaotiques ont donné naissance, par voie de condensation progressive, aux divers mondes de l'Univers. »

Il apparaît en outre — et c'est la considération essentielle — que l'amas général de matière devait être limité. Du moins, se figure-t-on malaisément la condensation s'engageant dans un milieu où les forces s'exercent à l'infini suivant toutes les directions. « Le centre de l'infini est partout », dit Pascal, ce qui exclut l'idée d'une rupture d'équilibre en un point plutôt qu'en un autre. La rupture effective suggère l'hypothèse d'une limitation originaire.

Pour les astronomes, l'Univers de la matière, tout au moins l'Univers accessible à nos observations, se résume, ou peu s'en faut, dans l'immense groupement de la Voie lactée. Cette constellation unique et prodigieuse, objet des poétiques inventions des anciens, affecte approximativement la forme d'une lentille. L'épaisseur en est très faible, comparée aux autres dimensions. Placés, croit-on, vers le centre de cet amas, nous apercevons peu d'étoiles, quand nous regardons dans le sens de l'épaisseur, et un bien plus grand nombre quand nous regardons dans le sens de la largeur. Ainsi s'explique la diversité d'aspect du ciel, si lumineux sur le contour de la Voie lactée, si obscur à l'intérieur.

Chaque jour, les progrès des instruments permettent de découvrir de nouveaux astres ou de résoudre en étoiles des nébuleuses qui semblaient composées de matière cosmique. Ces découvertes ont lieu surtout dans le sens du plan de la Voie lactée et paraissent, par conséquent, se rattacher à cette constellation. Si les nouveaux astres appartenaient à des formations étrangères, il semble qu'on devrait plutôt les apercevoir dans le sens de l'épaisseur, car une couche beaucoup plus mince d'étoiles nous en sépare.

Il ne faut d'ailleurs pas s'exagérer l'importance de ces indications. La Voie lactée elle-même ne constitue pas un tout parfaitement délimité et dont les parties soient bien agencées. « Si l'on considère, dit M. Faye, la forme tourmentée de cette zone lumineuse, ses interruptions, son dédoublement partiel en deux branches distinctes, ou même en amas isolés dont quelques-uns, tels que les nuées de Magellan, se trouvent rejetés bien loin du plan général, les espaces vides d'étoiles ou complètement noirs auxquels les marins ont donné le nom significatif de *sacs à charbon*, on trouvera que la Voie lactée offre plus d'analogie avec un vaste anneau en train de se décomposer en lambeaux qu'avec une couche plate et homogène d'étoiles et de nébuleuses. » (Page 214 de l'Ouvrage déjà cité.)

Néanmoins, la considération tirée de la forme de la Voie lactée, toute vague qu'elle soit, ne doit pas être négligée. Seule assurément elle constituerait un argument bien faible en faveur de la limitation de l'Univers. Mais rapprochée des autres indices, elle ne paraît pas dépourvue de valeur. De l'ensemble se dégage une impression, j'allais dire une présomption. En tout cas, la thèse contraire ne repose sur aucun fondement scientifique. Elle a pour elle principalement de donner essor à l'imagination et de satisfaire les âmes religieuses qui répugnent à admettre des bornes à l'œuvre divine. Encore peut-on se demander si, même à ce dernier point de vue, l'idée d'un Univers infini s'impose. Ne serait-il pas aussi respectueux de penser, avec Emmanuel Kant, que la création ne s'arrête pas et que la Puissance suprême s'est réservé l'infini du temps pour peupler l'infini de l'espace?

NOTE III.

SUR UN ARGUMENT DU DÉTERMINISME.

Je donne ici quelques détails sur une question que j'ai effleurée dans un Chapitre précédent. A raison de son caractère mixte, elle a occupé des géomètres éminents, MM. de Saint-Venant, Cournot, Boussinesq. Ces savants ont eu à cœur de concilier la conservation de l'énergie dynamique avec la possibilité pour l'homme de faire acte d'initiative et de volonté; en d'autres termes, ils ont voulu montrer que l'intervention de l'homme peut être absolument libre sans entraîner aucune création d'énergie ou de mouvement.

MM. de Saint-Venant et Cournot ont abordé le problème par des méthodes assez semblables au fond. Ils sont arrivés à la conclusion que l'initiative de l'être animé n'implique pas une production de mouvement, mais qu'elle se réduit finalement à un « pouvoir directeur » ou à un

« pouvoir décrochant » consistant à donner l'impulsion quasi infinitésimale dont tout le reste dépend. Nous serions en présence d'une disposition analogue à celle d'une machine bien réglée, où, pour mettre en branle une force imposante, il suffirait de couper le mince fil qui retient le premier ressort ou de toucher le bouton qui livre passage au courant d'électricité.

Mais une première remarque vient à l'esprit : quelque atténué que soit en pareil cas le travail à la charge de l'homme, il n'est pas rigoureusement nul. On ne peut donc pas dire que l'exercice de la volonté soit tout à fait exempt d'une création proprement dite.

M. J. Boussinesq s'est appliqué à prévenir l'objection. Dans un important Mémoire, qui a fixé l'attention de l'Académie des Sciences morales et politiques (1), il rappelle que divers problèmes dynamiques présentent, au point de vue du calcul, une réelle indétermination. Les équations dressées à leur sujet admettent des « so-

---

(1) *Conciliation du véritable déterminisme mécanique avec l'existence de la vie et la liberté morale,* par M. J. Boussinesq, membre de l'Académie des Sciences, avec préface de M. Paul Janet, membre de l'Académie des Sciences morales et politiques.

lutions singulières »; le mouvement peut, à certains moments, d'après les formules, se poursuivre indifféremment dans plusieurs directions. Les courbes représentatives de l'activité intérieure — en les supposant tracées — seraient précisément dans ces conditions. Leurs équations comporteraient de temps en temps ou même continuellement plusieurs solutions. Le « pouvoir directeur » exercé par l'âme humaine n'exigerait dès lors aucune dépense de force; il se bornerait à écarter certaines solutions au profit de l'une d'elles. « Un être animé, dit M. Boussinesq (page 40), serait par conséquent celui dont les équations de mouvement admettraient des intégrales singulières, provoquant, à des intervalles très rapprochés ou même d'une manière continue, par l'indétermination qu'elles feraient naître, l'intervention d'un *principe directeur* spécial. Ce principe directeur, bien différent du principe vital des anciennes écoles, n'aurait à son service aucune force mécanique qui lui permît de lutter contre celles qu'il trouverait dans le monde; il profiterait seulement de leur insuffisance, dans les cas singuliers considérés ici, pour influer sur la suite des phénomènes. Inconscient au début de l'existence individuelle, et même toujours en ce qui concerne la vie végétative, mais d'autant plus docile à une loi supérieure ou extra-physique qui nous est encore inconnue, il réaliserait à sa manière, dans chaque animal et dans chaque plante, un type spécifique héréditairement transmis, en employant à cet effet des matériaux communs empruntés au milieu minéral ou à d'autres organismes. Parvenu ensuite, chez l'homme et les animaux supérieurs, à un degré assez avancé de développement, et après avoir acquis des organes suffisamment délicats, c'est-à-dire un système nerveux, il deviendrait sensible à certains rapports de ces organes avec le reste de son corps et avec le monde extérieur, s'éveillerait sous leur choc mutuel, et apprendrait dès lors à diriger sciemment la force physique pour la faire servir à l'accomplissement de desseins prémédités. »

Je ne suivrai pas l'auteur dans les développements de haute Analyse qui éclairent sa thèse. Je vais essayer de présenter la solution en termes plus simples.

Le principe expérimental invoqué par les déterministes, même accepté dans toute sa rigueur, veut uniquement que l'être animé ne puisse pas créer du mouvement; il ne lui interdit pas d'employer à son gré les énergies préexistantes. Le principe ne sera donc pas enfreint si dans tous ses actes, *dans celui-là même par lequel il fait un choix*, l'homme réalise un exact équilibre entre les énergies du dehors ainsi consommées et le travail qui découle de lui comme d'une source pour grossir en apparence le réservoir universel. Sans rien produire, l'homme peut être seulement doué de la faculté de convertir les énergies les unes dans les autres, et de restituer fidèlement, sous des formes variées, la quantité que lui-même a reçue et qui a servi au déploiement total de son activité. Or il ne paraît pas douteux que les choses se passent régulièrement ainsi.

Considérons, par exemple, un homme qui se met en devoir de pousser un fardeau. Aussitôt le contact établi entre lui et le fardeau, ses organes se tendent, se raidissent, comme les pièces flexibles d'une machine. Son corps tout entier devient une sorte de ressort bandé dont une extrémité appuie sur le sol et dont l'autre extrémité presse contre le fardeau. Son effort redouble, le ressort se détend lentement et l'objet avance. La même opération recommence et l'objet avance de nouveau. Chaque fois il y a correspondance entre la progression du fardeau et l'impulsion fournie par le ressort. Quel est le résultat final? D'un côté, une masse qui a gagné de la vitesse, ou qui a surmonté certaines résistances; donc production d'énergie. De l'autre côté, une activité intérieure qui a constitué le corps humain en ressort et a obtenu de lui l'effort nécessaire à l'avancement du fardeau. Cet effort, contre-partie du résultat visible, est-il gratuit? Cette activité s'est-elle exercée par une sorte de création spontanée due à l'homme? Non. Il y a eu simplement un emprunt fait à la Nature. L'homme n'a agi, n'a poussé, n'a voulu, n'a fourni enfin l'énergie transmise à l'objet, qu'en consommant, au fur et à mesure, la puissance accumulée en lui-même par une longue préparation. Cette puissance s'épuiserait rapidement s'il ne la renouvelait pas sans cesse par les ressources qu'il tire du monde extérieur sous la forme d'aliments. Il doit, selon l'expression consacrée, « réparer ses forces ».

En cette circonstance l'homme s'est comporté comme une véritable machine thermique, dans laquelle les substances passent et se consument pour entretenir l'énergie nécessaire à son activité. Mais ce qui est vrai du grossier travail du manœuvre, ne l'est pas moins pour les hautes spéculations de la pensée. Il n'est pas un effort intellectuel, pas une vibration du cerveau, qui ne se traduise en dépense et n'appelle un emprunt correspondant à la Nature. La liberté même, l'initiative se payent également; elles entraînent, elles aussi, une déperdition que l'énergie du dehors a mission de réparer. Bref, tout ce qui constitue la vie morale et intellectuelle, aussi bien que la vie physique, est incessamment accompagné d'une dépense et d'un renouvellement. La liberté n'ajoute rien au réservoir commun des énergies physiques; elle est un simple épisode de leur transformation.

Sans doute ce parfait équilibre entre l'activité humaine et l'emprunt fait à la Nature ne peut être constaté chaque fois avec la même précision. Il n'est pas facile de mesurer rigoureusement le travail mécanique et la dépense qui correspondent à des nuances légères et fugitives de la pensée. Mais il suffit que l'équivalence ait été mise en relief dans des cas simples, se rapprochant des opérations industrielles, et que d'autre part le fait seul de la consommation ait été démontré pour une activité purement cérébrale. La raison en déduit aussitôt la possibilité d'une conciliation entre l'exercice de la liberté et le principe de la conservation de l'énergie générale. Dès lors l'argument du déterminisme manque de base. Il ne reste plus qu'un phénomène plus ou moins difficile à analyser, mais nullement une antinomie irréductible qui exige le sacrifice de l'un des deux termes en présence.

FIN.

TABLE DES MATIÈRES.

NOTES.

28372 Paris. — Imprimerie GAUTHIER-VILLARS, quai des Grands-Augustins, 55.

Contraste insuffisant

NF Z 43-120-14

www.ingramcontent.com/pod-product-compliance
Ingram Content Group UK Ltd.
Pitfield, Milton Keynes, MK11 3LW, UK
UKHW012154240726
13966UKWH00002B/331